学術選書 018

紙とパルプの科学

山内龍男

KYOTO UNIVERSITY PRESS

京都大学学術出版会

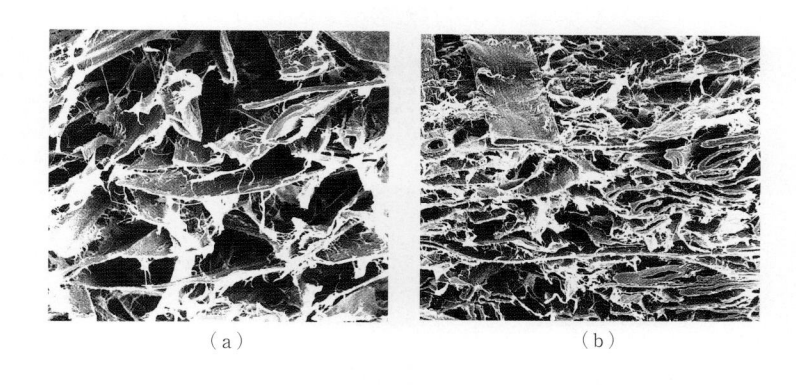

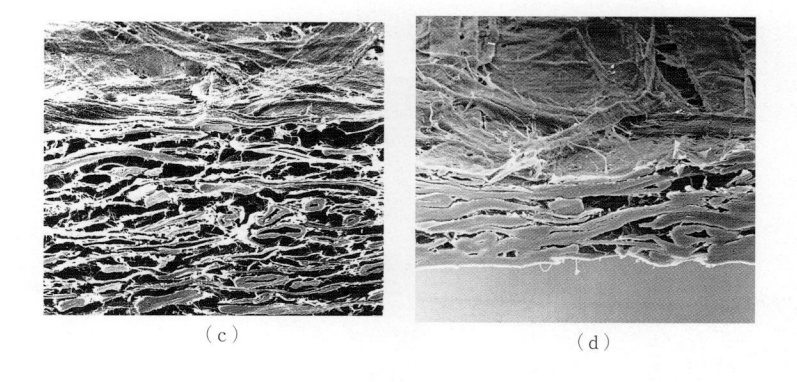

口絵1●コンソリデーション各過程での紙層断面（Yamauchi T. 1979）
(叩解したクラフトパルプからの紙，a：排水直後　繊維濃度8％，b：クーチ直後　繊維濃度11％，c：プレス直後　繊維濃度40％，d：乾燥後)

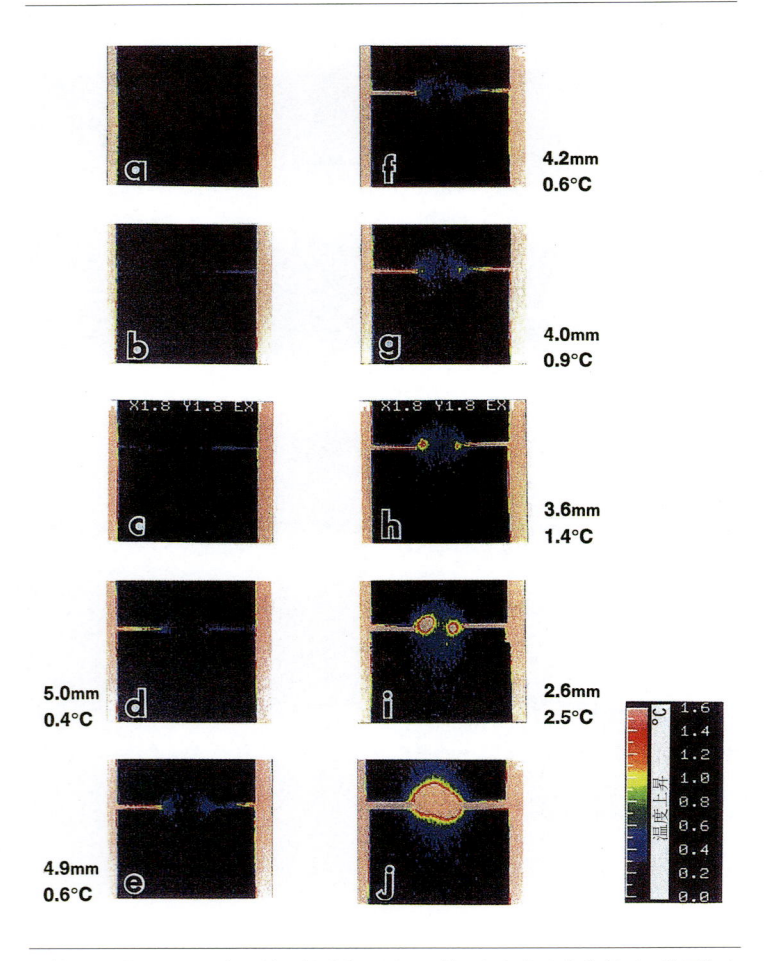

口絵2-1●両深切り欠き付き紙試片の引張に伴う切り欠き先端付近の熱画像変化．図中の数字はき裂先端間距離とそこでの温度上昇（Tanaka, A. 1997）

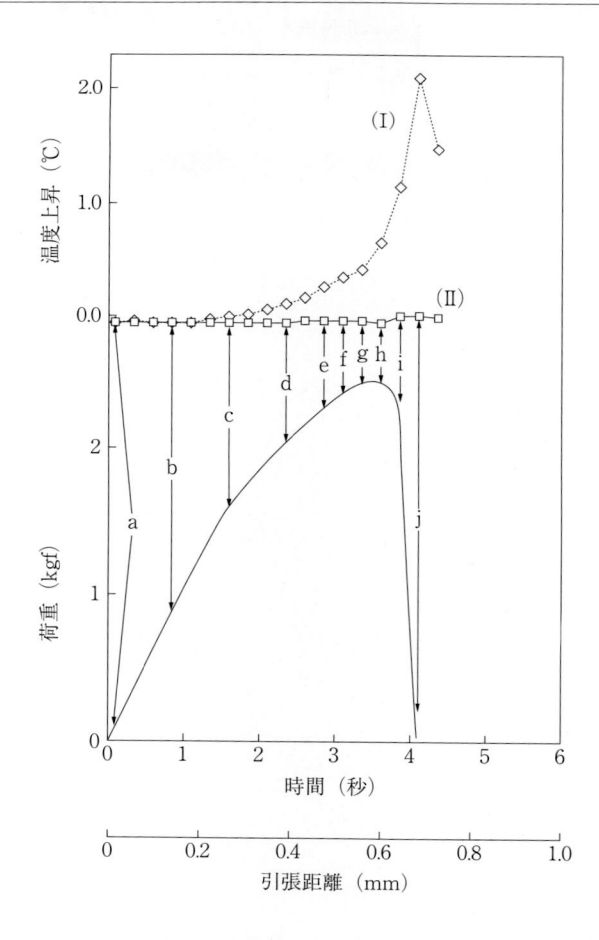

口絵2-2 ● 両深切り欠き付紙試片の引張に伴う荷重の変化および切り欠き先端部分（I）とそれ以外（II）の温度変化．図中英字は口絵2-1のそれと対応（Tanaka, A. 1997）

はじめに

　人類は昔から道具を使用することで進歩してきたと言えるだろう．初めは周囲にある石や土を素材とし，次に自然に存在しない金属を作りだし，鉄を使用するに至って産業革命に繋がった．これがいわゆる（金属）材料科学（material science）の発端である．今日では金属以外に木材や石油由来のポリマーを含む有機系材料，ガラスやコンクリートなどの無機系材料など様々な材料があり，これらを用いて種々の物性・機能を有する物を作りそれら利用して，人間の基本的欲求である衣食住のうち食を除く2者を充足してきた．ここ100年における材料の質的および量的発展はさらに人とともに物の移動を促し，国内外をまたぐ物流として大きく発展する一方，ある意味衣食住以上に重要になった文化や情報の大量伝達が行われる時代になった．その今日，紙は文化情報伝達媒体として，また物流における包装材として大変重要な役割を担っている．

　材料としての紙の歴史は大変古く，当初捨てられた布織物の屑繊維が水を介して平面状になることを見出したことに由来する．すなわち，古代以前における衣料繊維は全て麻などの天然の植物繊維でありこれを紡いで糸にした後織って織布にしたのであるが，くず繊維や使い古しの布からの繊維は短かすぎて紡ぐことができずに捨てていた．これらを水に懸濁させ網上に抄くことで平

面状材料とすれば書記材料になることを見つけたのが中国における紙の発端である．その後この植物に由来する短繊維の水懸濁液を抄紙する基本的技法は，後漢王朝に仕える宦官であった祭倫を中心に確立され，グーテンベルグ以来の印刷技術の発展さらには情報量や物流量の増加に伴い世界および日本ともども紙生産量は飛躍的に増大してきた．このように紙は我々に身近な材料として現在でも大きな地位を占めているのであるが，日本においてこの分野を総合的かつ学問的に研究する専門家は現在ほぼ皆無に近く，日本語で書かれた教科書的な本も絶版になっている．

筆者はこの分野，特に紙の物性研究を長く続け多くの成果を国内外で公表するとともに，名称の変更はあるが，実質紙パルプ学の講義を長年行ってきた．また最近では紙加工業界や紙の搬送機械業界など紙を間接的に利用する業界から，紙の物性の講義などを依頼されることもしばしばである．いずれの場でも簡単に紙パルプ学を紹介する手頃な入門書の必要を強く感じていた．そこで内容の過不足に対する見解の相違のあることは承知の上で，敢えて同名で行っている自らの講義録を短縮する形にしたのが本書である．

目　次

第Ⅰ章
紙・パルプとは　　3

1　パルプおよび紙の種類と分類，およびそれらの試験法　　3
2　基幹素材産業としての紙・パルプ産業　　6

第Ⅱ章
パルプ用材としての木材の特徴　　13

1　木材組織と繊維の構造　　13
　　1）　木材の組織構造　　13
　　2）　木材繊維の構造　　17
2　木材の化学成分　　20
3　抄紙に適した繊維とは　　22
4　非木材繊維との対比　　26
5　調木・剥皮　　27

第Ⅲ章
パルプの製造　　33

1　機械パルプ　　35
　　1）　砕木パルプ　　35

	2)	リファイナー砕木パルプ	37
	3)	サーモメカニカルパルプ	39
	4)	濾水度測定	41
	5)	機械パルプ化の原理および機械パルプの特徴	43
2	化学パルプ		46
	1)	クラフトパルプ	47
	2)	溶解用パルプとしての前加水分解クラフトパルプ	52
3	古紙パルプ		53

第Ⅳ章
パルプの漂白　　61

1　機械パルプおよび古紙パルプの漂白　　62

2　化学パルプの漂白　　63

第Ⅴ章
環境および公害対策　　67

1　排水による水質汚濁　　68

2　大気汚染および悪臭　　69

第Ⅵ章
紙料の調成　　73

1　パルプの叩解　　73

2　填料および添加剤　　79

第Ⅶ章
抄紙工程 — 85
1　抄紙の原理　　　85
2　長網抄紙機および円網抄紙機　　　87
3　抄紙のツイン化および多層化　　　95
4　コンソリゼーション　　　96

第Ⅷ章
紙の加工 — 103
1　内部加工　　　103
2　外部加工　　　104
　　1）塗工　　　104
　　2）タブサイズ　　　108
　　3）積層　　　108
　　4）含浸　　　110
3　段ボール加工　　　110

第Ⅸ章
紙の基本的特性値とその構造 — 115
1　基本的特性値　　　115
　　1）坪量　　　115
　　2）厚さ　　　116
　　3）密度　　　118
2　紙の構造および空隙構造　　　121

		1） 繊維集合体としての紙構造	121
		2） 紙の空隙構造	124
		3） 紙の表面構造	126
	3	紙構造の不均一性	129
		1） 地合	130
		2） 繊維の配向および両面性	130

第X章
紙の物性
135

	1	水分の影響	135
	2	多孔的性質	139
		1） 流体透過性	139
		2） 液体の浸透性	141
	3	力学的・強度的性質	143
		1） 紙面方向の力学的・強度的性質	143
		2） 単繊維強度およびゼロスパン引張強度	152
		3） 圧縮性および表面強度	154
	4	感性的性質	155
	5	光学的性質	155
		1） 白色度	155
		2） 不透明度	156
		3） 光の散乱および Kubelka-Munk 式	156
	6	化学的性質および耐久性	160
		1） 紙の劣化と耐久性	160

第XI章
紙の用途としての印刷，コピーと印字　　165

　1　印刷　　165

　　　1）　主要な印刷方式　　165
　　　2）　印刷用紙として望まれる性質　　168

　2　コピー　　169

　3　インクジェット印字　　171

第XII章
和紙の特徴　　173

付　録

紙パルプ学の将来展望　　179

世界の主要な紙パルプ研究機関　　181

あとがき　　185

主要参考図書　　187

索引　　189

コラム

鉄鉱業と紙・パルプ業　　12

ニュージーランドの紙パルプ産業　　31

情報網を駆使したローマ皇帝　　59

パピルスと羊皮紙　　65

襖と障子	71
合成紙騒動	83
紙のすかし	101
製紙技術の東遷，西遷	113
紙の寸法	133
なんでも使えるサーモグラフィ	162
燃える紙，燃えない紙	163
歌舞伎に出てくる紙，紙衣	172
職人技を科学しよう	177

紙とパルプの科学

第 I 章 | *Chapter I*

紙・パルプとは

1 | パルプと紙の種類と分類，および試験法

　木材およびその他植物から機械的あるいは化学的に分離したセルロースを主とする繊維の集合体をパルプ（pulp）と呼ぶ．製紙およびセルロース工業においてはパルプは工業中間体あるいは原材料であり，用途により製紙パルプ（papermaking pulp）と溶解パルプ（dissolving pulp）に大別される．前者はその繊維を水中で懸濁させた後抄紙して紙となり，後者はパルプの主化学成分であるセルロースを化学工業原料として，一度溶かした後に，主にレーヨン繊維やセロハンフィルムあるいはタバコのフィルターなどに使用されるアセテート（酢酸セルロース）などのセルロース誘導体の製造に用いられる．

　紙は，比較的短い植物繊維の水懸濁液を抄紙，すなわち網を用いて脱水および乾燥することで出来る自己接着性の繊維集合体であるが，その中にはさらに填料などの添加剤も加えられ，あるいはその上に顔料などを塗工したりして複合・加工して使用される紙も多い．

紙・パルプの種類は非常に多く，その用途も広範囲にわたっている．またパルプおよび紙は24時間連続操業で作られる工業製品で，その生産量は大変多く，特に前者の代表的な銘柄は国際市況商品でもある．そのため商取引等，これらを取り扱う際には一般的な分類と試験法が不可欠であり，ともに日本工業規格JISのP部門や日本紙パルプ技術協会制定（Japan TAPPI）の紙パルプ試験法に規定されている．海外主要国ではそれぞれの国で紙パルプについての規格があり，アメリカでは紙パルプ技術協会（Technical Association Pulp and Paper Indudtry，略称TAPPI）が定めた標準試験法（Tappi standards）が著名である．そこでは木材化学成分の測定法を始め木材チップ，パルプ，繊維，紙，添加剤についての試験法など計500以上の規格が制定されている．

いずれの国の試験規格間でも大差はないが，JISを初めてとして各国間で国際規格であるInternational Standard Organization（ISO）の規格との整合を図る動きがあり，また一方ISOの規格改訂の会議では紙パルプ生産大国間で自国に有利な規格とするべく活発な活動がなされている．

パルプは製造法でバージンパルプとリサイクルパルプに，前者はさらに機械パルプと化学パルプに大別される．また漂白（bleached；B）あるいは未漂白（unbleached；U）でも，さらには原料である木材が針葉樹（softwood；N）かあるいは広葉樹（hardwood；Lあるいは H）でも分類され，それぞれに対応して表記される．例えば代表的な化学パルプであるクラフトパルプ（KP）で，その原料が針葉樹でかつ未漂白であればNUKP，また広葉樹で漂白してあればLBKPと表記される．

10. 紙・板紙の品種分類

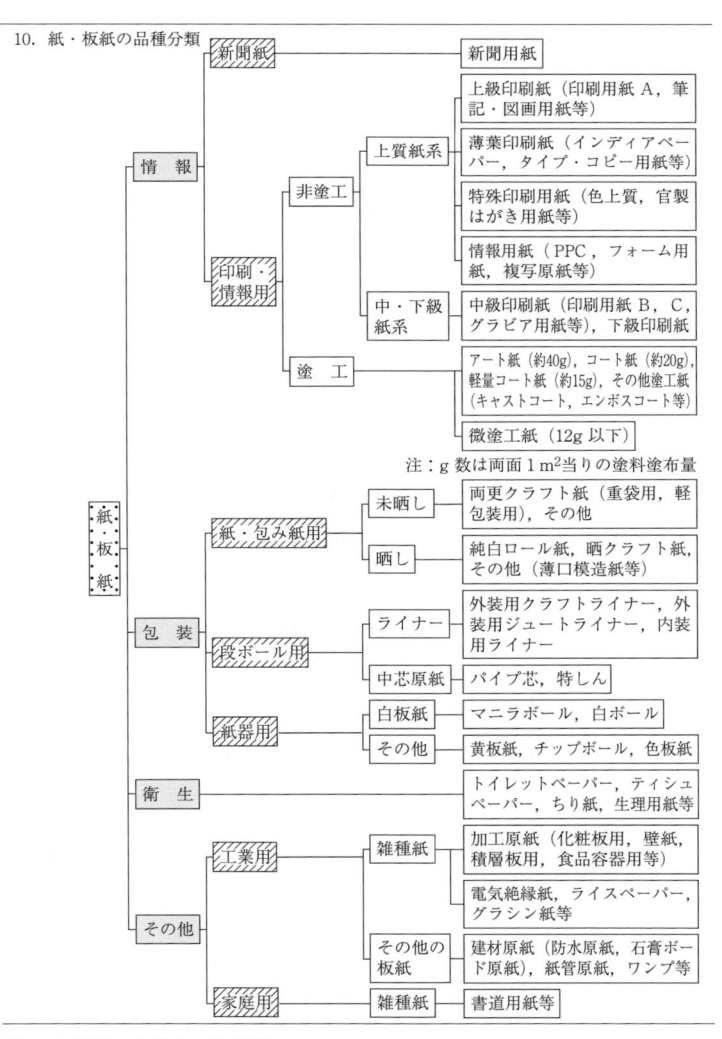

紙・板紙	情報	新聞紙		新聞用紙
		印刷・情報用	非塗工 上質紙系	上級印刷紙（印刷用紙A, 筆記・図画用紙等）
				薄葉印刷紙（インディアペーパー, タイプ・コピー用紙等）
				特殊印刷用紙（色上質, 官製はがき用紙等）
				情報用紙（PPC, フォーム用紙, 複写原紙等）
			中・下級紙系	中級印刷紙（印刷用紙B, C, グラビア用紙等）, 下級印刷紙
			塗工	アート紙（約40g）, コート紙（約20g）, 軽量コート紙（約15g）, その他塗工紙（キャストコート, エンボスコート等）
				微塗工紙（12g以下）

注：g数は両面1m²当りの塗料塗布量

	包装	紙・包み紙用	未晒し	両更クラフト紙（重袋用, 軽包装用）, その他
			晒し	純白ロール紙, 晒クラフト紙, その他（薄口模造紙等）
		段ボール用	ライナー	外装用クラフトライナー, 外装用ジュートライナー, 内装用ライナー
			中芯原紙	パイプ芯, 特しん
		紙器用	白板紙	マニラボール, 白ボール
			その他	黄板紙, チップボール, 色板紙
	衛生			トイレットペーパー, ティシュペーパー, ちり紙, 生理用紙等
	その他	工業用	雑種紙	加工原紙（化粧板用, 壁紙, 積層板用, 食品容器用等）
				電気絶縁紙, ライスペーパー, グラシン紙等
			その他の板紙	建材原紙（防水原紙, 石膏ボード原紙）, 紙管原紙, ワンプ等
		家庭用	雑種紙	書道用紙等

図I-1 ●紙・板紙の品種分類

紙および板紙の種類は大変多いが情報，包装，衛生，その他用途に大別され，図 I-1 のようにさらに細かく分別される．

2 基幹素材産業としての紙・パルプ産業

日本の製造業の多くは分野を問わず，生産量においても技術においても世界のトップクラスであり，紙パルプ製造業も 2010 年の統計によれば，紙の生産においては世界 3 位，パルプでも 7 位である（図 I-2 参照）．一方一人あたりの紙消費量は日本を含む先進国が極めて多く，その中で 8 位である（図 I-3 参照）．一般に紙消費の南北格差は大きいが，いずれの国でも消費量*は国民総生産 GDP にほぼ比例することが知られており，今後は中国やインドをはじめ発展途上国での生産・消費量の伸びが非常に大きいと考えられる（図 I-4 参照）．特に近年経済成長は著しいが木材資源の乏しい隣国，中国ではここ数年日本の古紙を大量に輸入して紙の生産量を拡大している．回収ペットボトルと同様，古紙輸出の急増は日本の紙パルプ製造業にとって予想外であり，一方でリサイクル関連法の見直しを迫られている程である．

パルプ原料になる木材の大半は輸入されるが，他の多くの製造業と異なり日本で製造されたパルプおよび紙の多くは国内で消費

---

*：生産量とともに通常重量で表示される．しかし実際，紙は面として使用される．図 I-5 で示すように最近新聞紙を始め一部の紙の軽量化すなわち紙が薄くなっていることを考慮し，消費量を面積で表せば消費量の伸びは重量表示のそれよりやや増大すると思われる．

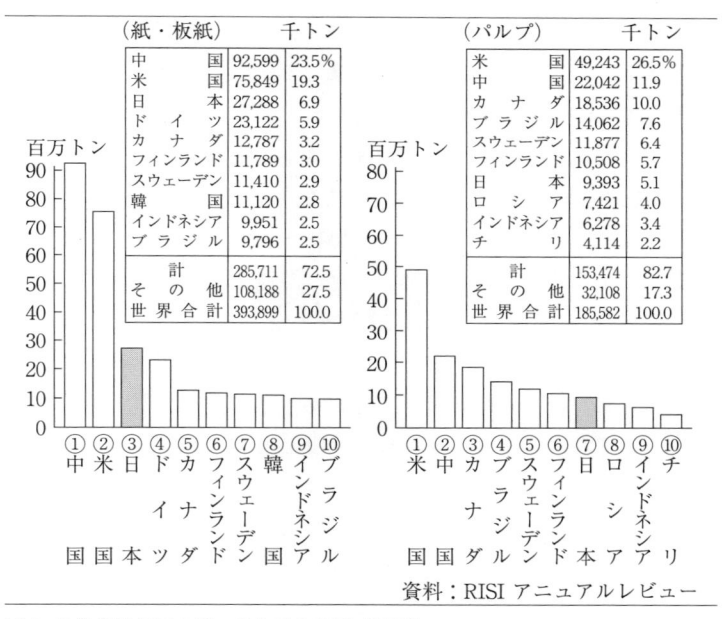

（紙・板紙）		千トン
中　　　　国	92,599	23.5%
米　　　　国	75,849	19.3
日　　　　本	27,288	6.9
ド　イ　ツ	23,122	5.9
カ　ナ　ダ	12,787	3.2
フィンランド	11,789	3.0
スウェーデン	11,410	2.9
韓　　　　国	11,120	2.8
インドネシア	9,951	2.5
ブ ラ ジ ル	9,796	2.5
計	285,711	72.5
そ　の　他	108,188	27.5
世 界 合 計	393,899	100.0

（パルプ）		千トン
米　　　　国	49,243	26.5%
中　　　　国	22,042	11.9
カ　ナ　ダ	18,536	10.0
ブ ラ ジ ル	14,062	7.6
スウェーデン	11,877	6.4
フィンランド	10,508	5.7
日　　　　本	9,393	5.1
ロ　シ　ア	7,421	4.0
インドネシア	6,278	3.4
チ　　　　リ	4,114	2.2
計	153,474	82.7
そ　の　他	32,108	17.3
世 界 合 計	185,582	100.0

資料：RISI アニュアルレビュー

図 I-2 ● 世界各国の紙・パルプ生産量（2010）

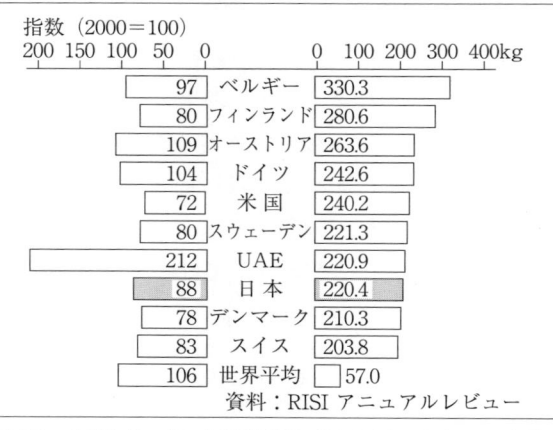

指数（2000＝100）

指数	国	kg
97	ベルギー	330.3
80	フィンランド	280.6
109	オーストリア	263.6
104	ドイツ	242.6
72	米 国	240.2
80	スウェーデン	221.3
212	UAE	220.9
88	日 本	220.4
78	デンマーク	210.3
83	スイス	203.8
106	世界平均	57.0

資料：RISI アニュアルレビュー

図 I-3 ● 国民一人当たりの紙・板紙消費量（2010年），および10年前との比較

され，それらの輸出・入量は少ない．紙製品は国内外での価格差が小さく，むしろ海外より安いと感じる紙製品も多い．また多量に消費するが高度に付加価値を付与した製品ではなく，価格のわりに嵩の大きな材料であり，物流コストの影響を受けやすいとの理由で内需主体になったと考えられる．

　紙パルプ産業は，まず木材から繊維を取り出しパルプとし，次いでこれから成る繊維集合体（紙）を製造する技術，およびその上に顔料などを塗工して機能性層を加える技術を根幹としており，さらなる加工に供する中間紙製品および新聞用紙やティシュなど一般消費者が直接使用する最終製品を製造する基幹素材産業として，証券市場の分類や各種の産業統計にも見られるように常に独自のジャンルを与えられている（図I-6参照）．また紙パルプ産業はパルプ化，抄紙，紙加工のいずれの工程もほとんど人手をかけることなく，大型装置を用いて24時間連続的に行われるので装置産業としての性格も帯びる．

　一方で紙パルプ産業は地球上の炭酸ガスを固定した木材を主原料とする産業であり，またリサイクル性にも優れることから旧来の製造業ながら循環型産業として，環境の世紀とも呼ばれる21世紀においてもその工業上の優位はゆるぎないと考えられている．日本では主に端材・廃材など木材の未利用部分，さらに大気中の炭酸ガスの固定に大きく貢献しているプランテーション栽培の早生樹材を利用することで，現在木材総需要の40超%* が紙

＊：先進国での木材総需要に占める紙パルプ用はほぼ同様の割合であるが，発展途上国を多く含む世界全体での木材需要の過半量は薪炭材，すなわちエネルギー用である．なお，製材廃材は統計上製材用と分類されるが，チップ化されてパルプ用になるので実態は約50%と考えられる。

第Ⅰ章 紙・パルプとは　9

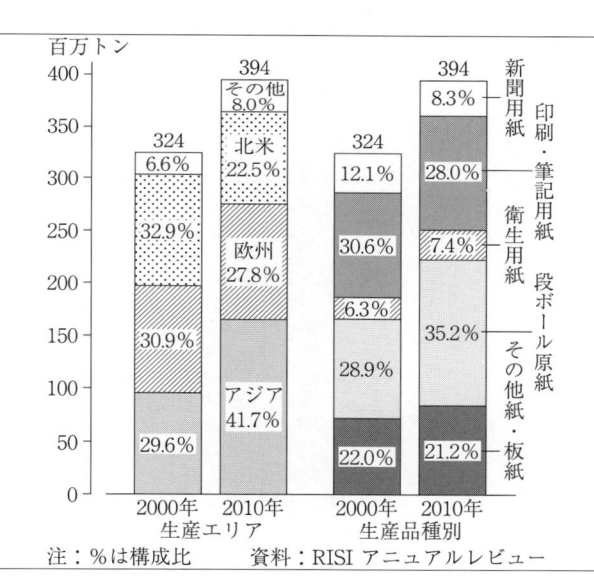

```
百万トン              394              394
400              その他              新聞用紙
         324     8.0%     324     8.3%
350              北米
          6.6%   22.5%           28.0%      印刷・筆記用紙
300                             12.1%
         32.9%
250              欧州                         衛生用紙
                 27.8%          30.6%    7.4%
200
                                 6.3%               段ボール原紙
150      30.9%                           35.2%
                 アジア          28.9%
100              41.7%                              その他紙・板紙
 50      29.6%                   22.0%   21.2%
  0
        2000年   2010年          2000年  2010年
         生産エリア                 生産品種別
   注：％は構成比    資料：RISIアニュアルレビュー
```

図Ⅰ-4 ●世界の紙・板紙生産推移（2000 → 2010）

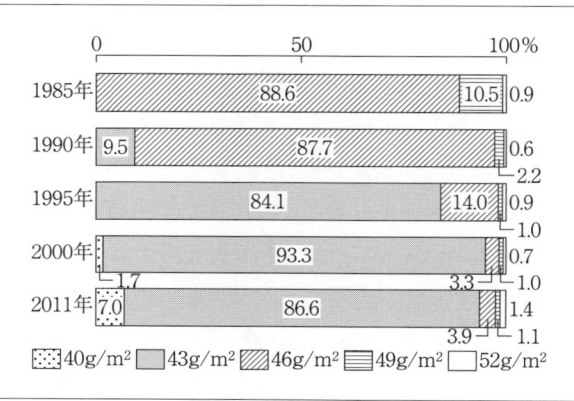

```
         0              50            100%
1985年   |       88.6          |10.5| 0.9
1990年  |9.5|     87.7         |   | 0.6
                                      2.2
1995年  |        84.1       |14.0|    0.9
                                      1.0
2000年  |        93.3           |    0.7
          1.7                    3.3  1.0
2011年  |7.0|    86.6          |   | 1.4
                                 3.9  1.1
   ▦40g/m²  ▨43g/m²  ▩46g/m²  ▤49g/m²  ☐52g/m²
```

図Ⅰ-5 ●新聞用紙の軽量化（坪量構成比の変化）

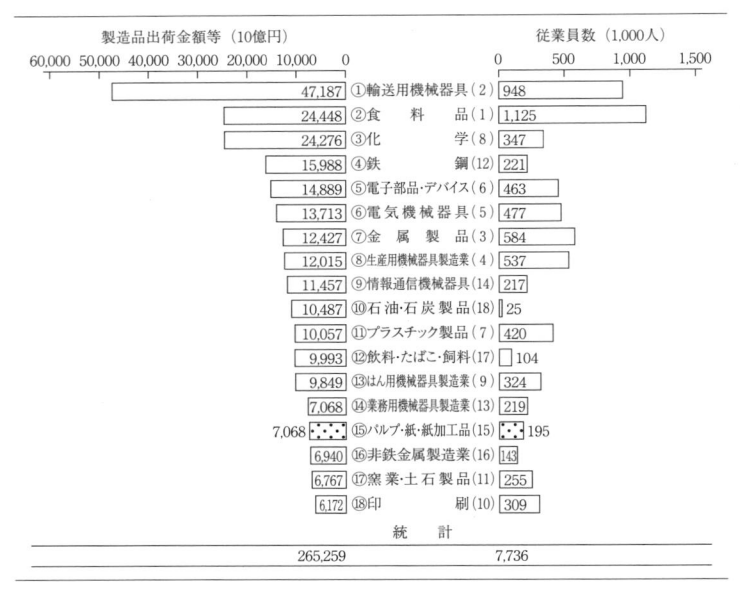

製造品出荷金額等（10億円）		従業員数（1,000人）
47,187	①輸送用機械器具（2）	948
24,448	②食　料　品（1）	1,125
24,276	③化　　学（8）	347
15,988	④鉄　　鋼（12）	221
14,889	⑤電子部品・デバイス（6）	463
13,713	⑥電気機械器具（5）	477
12,427	⑦金属製品（3）	584
12,015	⑧生産用機械器具製造業（4）	537
11,457	⑨情報通信機械器具（14）	217
10,487	⑩石油・石炭製品（18）	25
10,057	⑪プラスチック製品（7）	420
9,993	⑫飲料・たばこ・飼料（17）	104
9,849	⑬はん用機械器具製造業（9）	324
7,068	⑭業務用機械器具製造業（13）	219
7,068	⑮パルプ・紙・紙加工品（15）	195
6,940	⑯非鉄金属製造業（16）	143
6,767	⑰窯業・土石製品（11）	255
6,172	⑱印　刷（10）	309
265,259	統　計	7,736

図 I-6 ● 製造業に占める紙・パルプ産業の位置（2009）

パルプ生産に振り向けられており，もちろんその周辺の紙加工業や，紙に加える顔料や添加剤を製造する企業も多数存在するので，木材利用産業として紙パルプ産業はずばぬけて大きい．紙の用途としても物流包装（図 I-7 参照）や広告（表 I-1 参照）において紙が最も大きな割合を占めている．また本来の紙用途である文化・情報媒体においても，OA・IT 革命の中で情報媒体としての相対的地位は低下しつつあるが，全情報量の急拡大及び人間が接する最終インターフェイスとしての紙媒体の重要性のゆえに電子媒体との棲み分けが生じており，情報用途の紙需要が大きく低下することはないと考えられている．

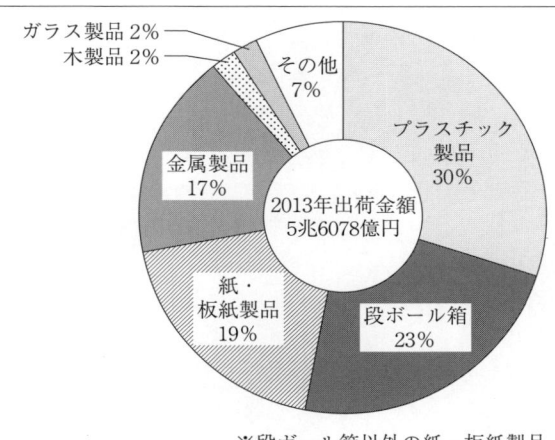

図Ⅰ-7 ●包装用資材に占める紙の地位（2013）

ガラス製品 2%
木製品 2%
その他 7%
プラスチック製品 30%
金属製品 17%
紙・板紙製品 19%※
段ボール箱 23%

2013年出荷金額
5兆6078億円

※段ボール箱以外の紙・板紙製品

表Ⅰ-1 ●広告に占める紙の地位

（単位：億円，%）

	2008年	2009年	2010年	2011年	前年比	構成比
紙関連	27,374	23,060	21,785	20,636	▲5.3	36.1
新聞	8,276	6,739	6,396	5,990	▲6.3	10.5
雑誌	4,078	3,034	2,733	2,542	▲7.0	4.5
折込	6,156	5,444	5,279	5,061	▲4.1	8.9
DM	4,427	4,198	4,075	3,910	▲4.0	6.8
フリーペーパー・フリーマガジン	3,545	2,881	2,640	2,550	▲3.4	4.5
電話帳	892	764	662	583	▲11.9	1.0
テレビ	19,092	17,139	17,321	17,237	▲0.5	30.2
ラジオ	1,549	1,370	1,299	1,247	▲4.0	2.2
インターネット	6,983	7,069	7,747	8,062	4.1	14.1
その他	11,928	10,584	10,275	9,914	▲3.5	17.4
合計	66,926	59,222	58,427	57,096	▲2.3	100.0

鉄鋼業と紙・パルプ業

　主要新聞の経済面には株式欄があり，毎日東京証券取引所（東証）で上場されている企業の株価が掲載されている．上場企業の数は年々増えて，かって約千社と言われ，現在は1700社近くに上っている．

　これらの中で，鉄鋼業と紙パルプ業のトップ企業が類似すると言われれば困惑されるであろう．一方は硬い材料を，他方は柔らかい材料を取り扱うからである．しかし東証上場製造業の中で最も古い企業の一つが鉄鋼業と紙パルプ業のそれなのである．ともに素材産業のリーダーとして明治の始め以来発展を遂げ，長い歴史の間社名の変化や合併・分割が繰り返されてきたが，古さではひけをとらない．栄枯盛衰の中にあってよく生き延びてきたとも言える．

　よく見るとこれら両企業の間には，歴史の古さや素材産業であること以外でも共通点が多い．人手より大型装置で生産する産業，4グループ3交代制による24時間連続操業，戦前はトップ企業の独占体制であったが戦後の財閥解体に伴う企業分割とその後の統合，上位数社による現市場占有率の高さ（大手鉄鋼企業：新日本製鉄，JFEホールディングス，住友金属，大手紙・パルプ企業：王子製紙，日本製紙，大王製紙，三菱製紙），研究・技術レベルの高さ（大学でするべき鉄鋼あるいは紙の基礎研究の多くをこれら民間企業が肩代わりしているように見える）が挙げられる．なお異なる点もあり，紙パ産業は輸出より内需が圧倒的に多いことを書き添える．

第Ⅱ章 | *Chapter II*

パルプ用材としての木材の特徴

1 | 木材組織と繊維の構造

1） 木材の組織構造

　樹木は針葉樹と広葉樹に分類されるが，それらから得られた木材はともに大別すると形成層を境に外側の樹皮（bark）と内側の木部から成り，後者が大半を占める（図 II-1 参照）．通常木材と言えば木部のことを意味し，以下でもそれに従う．木部はさらにその中心部で時々やや色の付いた心材部分（heartwood）とその外周の辺材部分（sapwood）に分けることもある．木材パルプの製造とは木部における細胞，すなわち繊維を分離することであり，以下ではまず木部における繊維の存在状態を観察および分析する．

　代表的な針葉樹および広葉樹の木部 3 断面の電子顕微鏡写真を図 II-2（スプルースおよびカバ）に示す．ともに年輪構造が見られ，成長が早く細胞壁が比較的薄い早材部分（early wood 春材 spring wood とも言う）と交互して成長が遅く細胞壁が比較的厚い

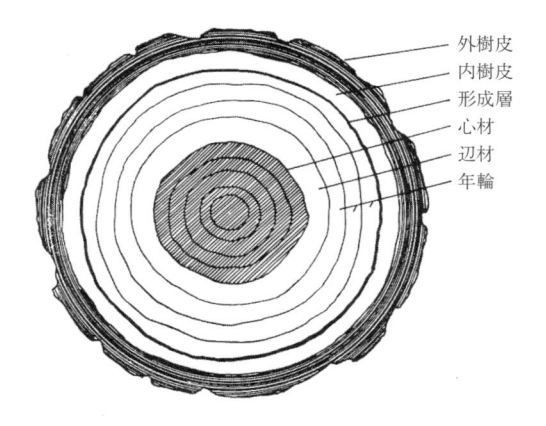

図 II-1 ● 樹木断面図 (Smook, G. A. 1982)

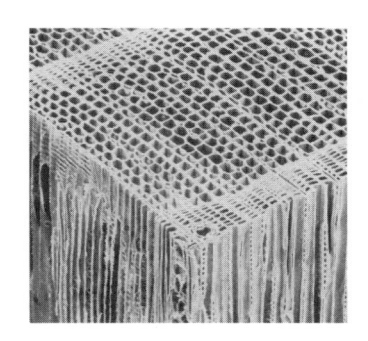

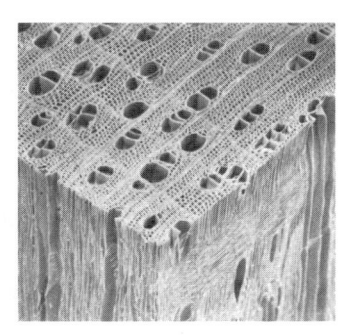

外樹皮
内樹皮
形成層
心材
辺材
年輪

図 II-2 ● 代表的な針葉樹（左）および広葉樹（右）の木部断面写真 (Smook, G. A. 1982)

表 II-1 ●代表的な針葉樹（トウヒ）と広葉樹（カバ）の木部における細胞構成比 (Smook, G. A. 1982)

	繊維（%）		導管要素（%）		柔組織細胞（%）	
	重量比	容積比	重量比	容積比	重量比	容積比
トウヒ	99	95	—	—	1	5
カバ	86	65	9	25	5	10

晩材（late wood，夏材 summer wood とも言う）から成ることが分かる．

　針葉樹および広葉樹における細胞の分類とそれらの占める典型的な重量および容積構成比率を表 II-1 に示す．前者は仮導管（tracheid）と柔組織細胞（parenchyma cell）から成り，後者では木繊維（wood fiber）と導管要素（vessel element）および柔組織細胞から成り立つ．木部にある細胞はいずれもその中は空洞になっており細胞内腔（ルーメン，lumen）と呼ぶ．またそれらの中でも仮導管（45 頁図 III-8 参照）と木繊維は軸方向に極めて長く繊維状の形態を有し，かつそれらが占める空間容積以上に質量的にはこれらが大半を占めることは大変重要である．すなわち木材ではパルプ化後の繊維収率が極めて高く，これが非木材と比較して木材が優位である理由の一つである．これら繊維形状を示す細胞と比べて寸法が比較的小さくかつ形状も細胞本来の卵型に近い柔組織細胞は，パルプ化の過程でほぼ消失する．一方図 II-2（右）で見られるように比較的開口径の大きい導管要素は，細胞直径が大きいのでパルプ化後も残存し，かつその構成割合はかなり大きい．またそれが紙表面に存在すれば印刷時に剥がれやすいなどの問題を起こすとされている．いずれにせよ針葉樹パルプは仮導管で，一方

表 II-2 ● 北アメリカ産パルプ用材の繊維寸法特性 (Smook, G. A., 1982)

樹種	繊維長 mm	繊維径 μm	繊維壁の厚さ 早材	繊維壁の厚さ 晩材	繊維長／厚さ比	粗度 mg/100m
カバ	1.8	20-36	3-4		500	5-8
レッドガム	1.7	20-40	5-7		300	8-10
クロトウヒ	3.5	25-30	3-4(70%)	6-7(30%)	700	14-19
エンピツビャクシン	3.5	30-40	2-3		1400	15-17
サザンパイン	4.6	35-45	2-5(50%)	8-11(50%)	700	20-30
ベイマツ	3.9	35-45	2-4(60%)	7-9(40%)	700	25-32
セコイア	6.1	50-65	3-4		1700	25-35

広葉樹パルプは木繊維で成り立つと見なせる．ともにかなり広い繊維長分布を有し（図 II-3 参照），また樹種による差異もかなり大きいが平均繊維長は前者で約 3 mm 後者で約 1 mm である（表 II-2 参照）．繊維直径も後者より前者がかなり大きく，要するに広葉樹パルプ繊維は針葉樹パルプ繊維より寸法的にかなり小さい．

　これら繊維形状（特に長さ）の差はそれぞれのパルプから抄造した紙の性質に大きく影響する．例えば繊維が長いと抄紙過程でそれらは相互にからみやすく，よってムラの大きいすなわち地合の悪い紙になる（第 IX 章 3-1) 参照）．一方繊維が長いと一本の繊維と絡む繊維の本数が増えるので強度は向上する．従って現在では紙に強度を要求する場合は，もちろん後に述べるパルプ化法とも関連するが，針葉樹パルプを，また良好な地合を要求する場合は広葉樹パルプと使い分けている．

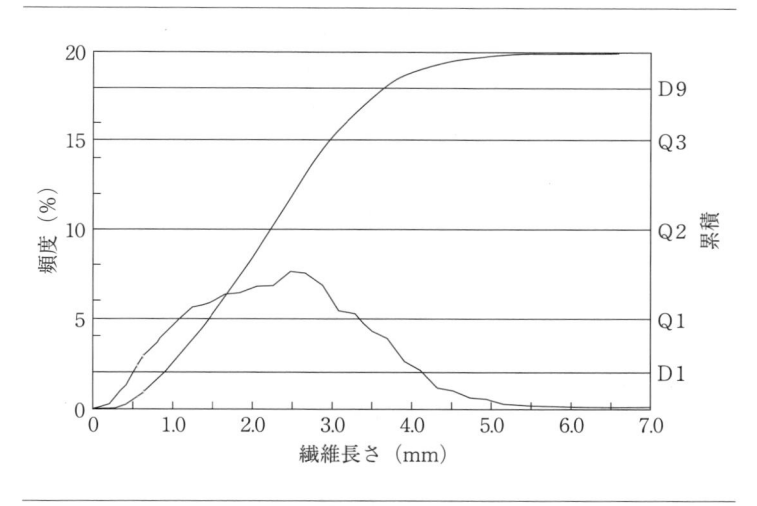

図Ⅱ-3 ● 市販針葉樹クラフトパルプの繊維長分布測定例（Yamauchi, T. 2000）

2) 木材繊維の構造

　すでに述べたように早材繊維と晩材繊維の間で繊維壁厚さに差があり，また辺材部分と心材部分とでも繊維壁厚さに差が認められ，当然樹種による繊維壁厚さの差異は極めて大きい．例えばニュージーランドでは主に成長の早いラジアータ松をパルプ原料にしているが，繊維壁の比較的薄い辺材部分（slab wood）と比較的厚い心材部分および木の先端部分（core wood and top wood）を分けてパルプ化することで，異なるパルプ化方法による差異と組合わせて，樹種は同じでありながら広範な性質を有する紙を製造している．

通常年輪差，辺・心材差を区別してチップ（小木片）化することはなく，また日本では種々の樹種が混合したチップを使う場合が多いので，同じパルプ中では種々の繊維壁厚さを有する繊維が混合している．しかしこれらを分けてパルプ化した場合，繊維壁厚さは以下のように紙の構造や物性に影響すると考えられている（図 II-4 参照）．繊維壁が厚いと繊維は剛直で相互の結合は少なく，疎な構造の紙になり，紙密度は小さく強度も低いと考えられる．一方繊維壁が薄いと容易に偏平化して繊維は相互に良く添い合い，繊維相互の結合が発達して密度も強度も大きい紙が出来る傾向がある．

　パルプ化以後の繊維壁厚さは，その測定が困難なことから粗度（coarseness），すなわち 100 m の繊維（平均繊維長 1 mm の繊維なら100,000 本）あたりの質量 mg で評価される（表 II-2 参照）．繊維壁実質の密度が例外なくほぼ同じであることに準拠しているのであるが，当然この数値が大きい程繊維壁は厚い．繊維壁の厚い樹種は材あるいはチップでの比重が大きく，これを測定することでも繊維壁厚程度は予測できる．なおパルプ化により，特にリグニン等の溶出を伴う化学パルプの場合において，繊維壁厚さは減少してクラフトパルプ繊維の平均的な厚さは $2\,\mu m$ である．

　一本の木材繊維中の壁層構成を図 II-5 に示す．樹種による細かい差異はあるが繊維壁の大半は 2 次壁中層と呼ばれる部分で占められ，ここではセルロースフィブリル（集束したセルロース分子のかたまり，幅は 10〜100 nm）ひいてはセルロース分子が繊維軸にほぼ平行に配列している．この事は，分子が全て繊維軸方向に1 軸配向している合成繊維と同様，繊維軸方向の弾性率が大きく

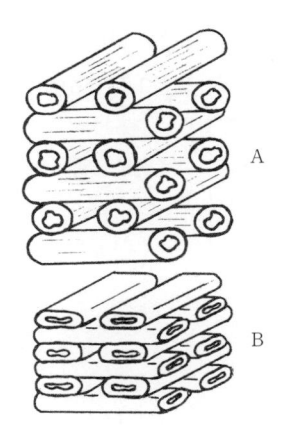

図Ⅱ-4 ●厚壁繊維（A）あるいは薄壁繊維（B）から成る繊維集合モデル構造
（Smook, G. A. 1982）

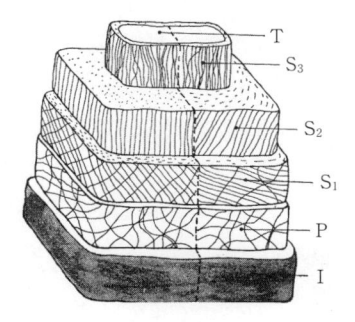

図Ⅱ-5 ●木材繊維における繊維壁層構成模式図（原田浩　1958）
　　　　点線左部：カバの木繊維　点線右部：トウヒの仮導管
　　　　　I：細胞間層　　　　　S_1：2次壁外層
　　　　　S_2：2次壁中層　　　S_3：2次壁内層
　　　　　P：1次壁　　　　　　T：3次壁

繊維強度にも優れることを意味する．フィブリルが繊維軸に対して横向きの1次壁および2次壁外層の大半は漂白工程を含むパルプ工程で消失し，製紙工程では2次壁中層からの一部フィブリルの突出程度などが問題になる（口絵1-(a)参照）．この繊維同士の間にあるのが繊維間層あるいは細胞間層と呼ばれる部分で繊維相互の接着に役だっている．

2 木材の化学成分

　木材のパルプ化特に化学パルプ化において，さらに溶解パルプの利用においてはその化学成分が大変重要である．木材由来の化学成分は大別するとセルロース (cellulose)，ヘミセルロース (hemicelluloses)，リグニン (lignin)，抽出物 (extractives) およびその他である．図II-6は針葉樹および広葉樹それぞれでの化学各成分の平均的構成割合を示しているが，前3者で大半を占める．樹種による差異はあるが，針葉樹と広葉樹を比較するとリグニンは概略前者でやや多く，ヘミセルロースは後者で多い．また図II-7に示すように，セルロースとヘミセルロースは細胞壁内に，一方リグニンは細胞間層に多いが，このような分布は木材をパルプ化して繊維を分離する際に考慮するべき極めて重要な事柄である．

　セルロースはグルコース残基を繰り返し単位とする多糖でありかつ線状ポリマーなので（図II-8参照），現在でもその化学的変成を通じてレーヨン繊維やセロハンフィルムなどが製造される．

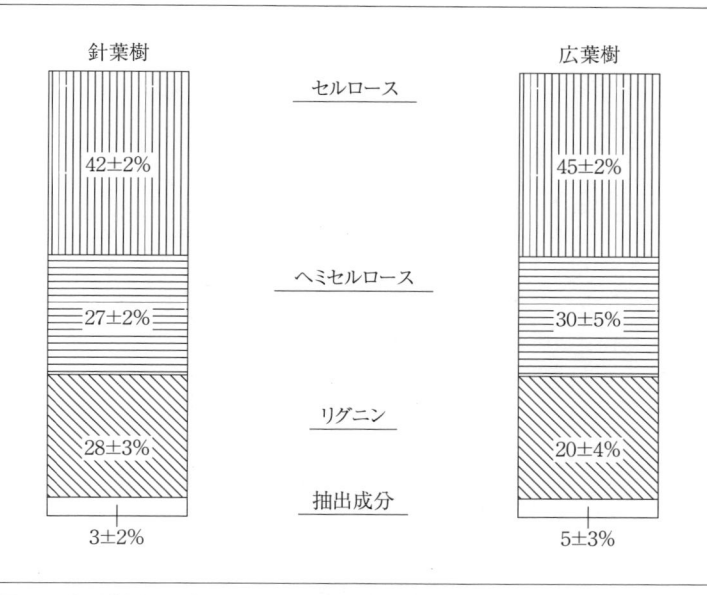

```
        針葉樹                              広葉樹

                       セルロース

      42±2%                           45±2%


                      ヘミセルロース

      27±2%                           30±5%

                       リグニン

      28±3%                           20±4%

                       抽出成分
       3±2%                            5±3%
```

図 II-6 ●針葉樹と広葉樹における平均的な化学成分割合（Smook, G. A., 1982）

一方ヘミセルロースは針葉樹でマンノース残基，広葉樹でキシロース残基を主な繰り返し単位とする多糖であり，短い側鎖や異質基が一部結合している．これら残基の構成割合は樹種により異なるためヘミセルロースは化学工業原料にはなり難く，溶解用パルプの製造（第 III 章 2-2) 参照）ではヘミセルロースの除去が大変重要である．リグニンはフェニールプロパン構造を骨格とする3次元にかつ複雑に分岐・架橋結合した重合物であり（図 II-9 参照），その詳細な化学構造は未だ明らかでなく，また樹種により異なると考えられている．従ってヘミセルロースと同様長年にわ

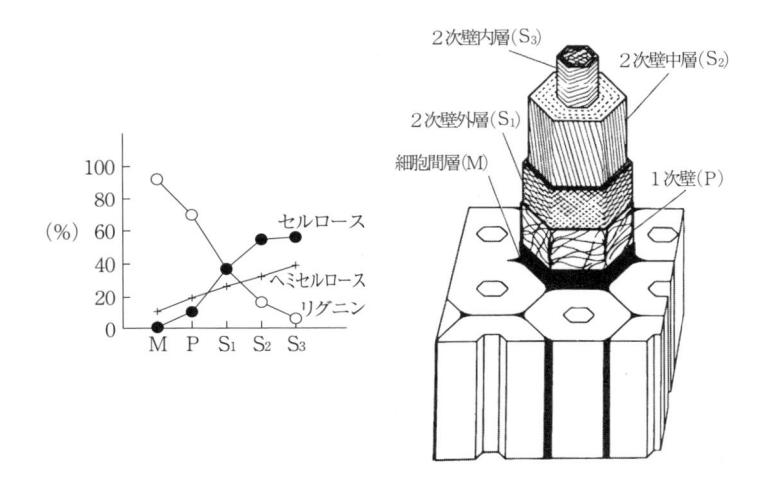

図 II-7 ● 主化学成分の繊維壁層内分布

たる幾多の試みにもかかわらず化学的な利用法で実用化されたものはほぼ皆無である．

3 抄紙に適した繊維とは

紙は，紡糸（spinning）できない繊維のくずが半ば自然発生的に紙になったことに気づいて開発された材料であり，強度的性質を主目的とすればその繊維長は数 mm 程度が良いとされる．また 1 本の繊維として強度に優れ，水に不溶だが親水性でかつ化学的に

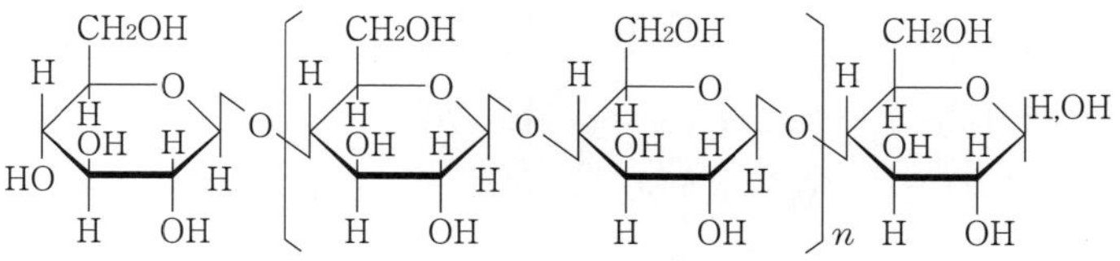

図Ⅱ-8 ●セルロースの化学構造

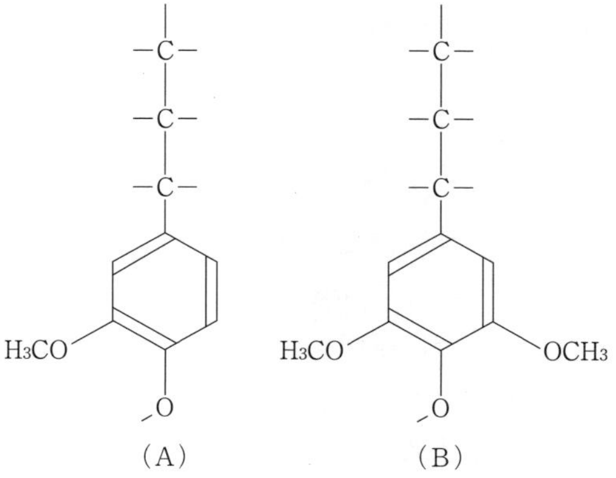

図Ⅱ-9 ●リグニンを構成するフェニルプロパン単位

安定であることも大事である．セルロースを主体とする木材パルプ繊維はこれら条件を全て備えており，さらに繊維として柔軟でかつ熱塑性変形することはなく，無色であることも紙用の繊維として重要である．紙において特に大事なのは繊維同士が水を介して接着剤なしで相互に結合していること，すなわち抄紙，乾燥過程で繊維間結合（fiber to fiber bonding）が発達することである．これには木材パルプ繊維表面あるいはそれから派生している細かいフィブリル表面でのセルロースやヘミセルロース表面に多く存在する水酸基が不可欠である．逆に表面に水酸基を持たない合成繊維を抄紙して繊維集合体を作成しても，接着剤が含まれなければ，繊維相互の結合がないため簡単に壊れてバラバラになることからも繊維間結合の重要性が認識できる．

　図II-10は抄紙工程での脱水および乾燥に伴う繊維間あるいはフィブリル間の分子オーダーでの繊維間結合進展の模式図である（口絵1参照）．湿潤時においては繊維あるいはフィブリル表面にあるセルロースおよびヘミセルロースの水酸基は水分子で囲まれているが，乾燥すると水分子が抜け，その際働く水の表面張力および毛管力が大きいのでその後を埋めるようにセルロースあるいはヘミセルロースの水酸基同士が水素結合（hydrogen bonding）で結ばれる．これが分子オーダーでの繊維間結合であり，本来可逆的である．すなわちこの結合に再度水が入ればセルロースあるいはヘミセルロースの水酸基同士の水素結合が切れて，結合していた繊維は分離する．次いで乾燥に伴い脱水すれば再び水素結合が生じる．紙が何回でもリサイクルできるのはこの水素結合すなわち繊維間結合の可逆性に基づく．この結合の強さは繊維1本の引

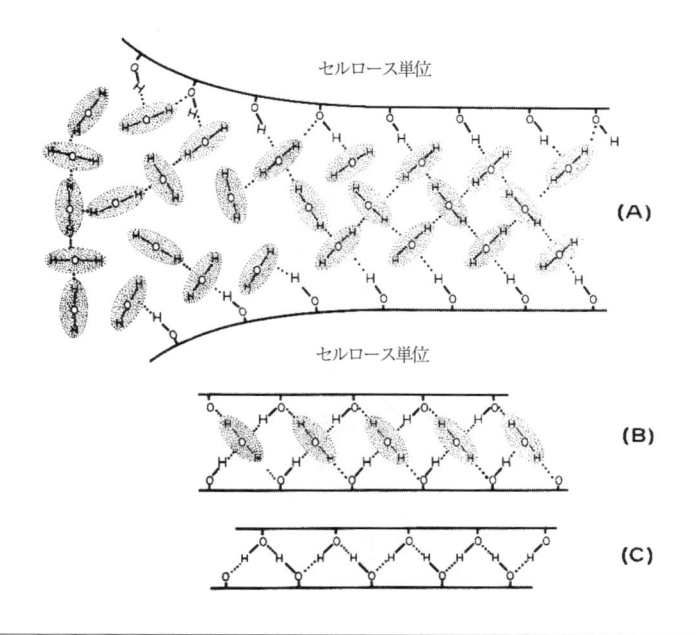

図Ⅱ-10 ●繊維間水素結合発達模式図（Emerton, H. E. 1957）
  (a) 水分子を介したゆるい結合
  (b) 単層の水分子を介したより詰まった結合
  (c) 直接の結合

張強度よりかなり小さいが，1本の繊維は他の複数の繊維と結合するので紙の強度における繊維間結合の役割は極めて大きい．

　木材パルプ繊維は寸法においても化学組成においても上記の条件を全て満たしており，かつルーメンがあって中空であるため偏平化しやすく，これも繊維間結合面積の発達に寄与する．また，その本になる木材は地球上に大量にありかつ循環的に生産され，

質量ともに年中安定的に供給できるので工業的製紙用繊維として大変優れている．

4 非木材繊維との対比

　紙は元来非木材植物繊維から作られ，木材繊維を用いるようになったのはここ約200年に過ぎない．伝統的な和紙では，今も楮(コウゾ)やミツマタの樹皮特に内皮部分から取り出した繊維で抄紙が行われ，また紙幣など特殊な用途には現在でも非木材繊維が用いられる．地球上に存在する植物系繊維原料として木材と比較すると，非木材植物は量的には圧倒的に少ないが，そこからのパルプ繊維調製法が比較的簡単であったので製紙原料とされてきたのであり，中国および東南アジアを中心にした一部地域では現在もよく用いられている（世界のパルプ総生産量の約5％）．しかし最近ではこれらの地域でも，以下に述べるような理由から，紙パルプ繊維資源としてプランテーションによる早生樹への転換が図られつつある*．

　製紙用非木材植物としては，ケナフや亜麻に代表される草本系，竹やわらやバガス（砂糖きび滓）に代表される禾本系，楮に代表される木本樹皮系，マニラ麻に代表される葉繊維系などがあ

---

*：東南アジア諸国で栽培される植物には早生樹をはじめ換金性のある植物がいくつもあり，例えばケナフよりバナナが有利と判断すると農家は変換が早い．また翻って我が国でケナフを導入しても，ケナフは帰化植物として繁殖力が強く，地域の植生が変わる程我が国固有の植物が圧迫される懸念がある．

る．いずれも品質が比較的不安定であったり，採集時期が限定されかつ保存にも問題がある．他方木材はいつでも調達可能であり，保存性も良好である．さらに木材と比較するとこれら植物では通常の卵形形状の細胞が多く，繊維形状を有する細胞が少ないことおよび相当量のシリカ結晶を含むことからパルプ繊維収率は低く，パルプ製造における環境への負荷は木材パルプよりむしろ大きい．すなわちパルプ製造設備に貯まるシリカの除去問題や，抄紙には適さない大量の非繊維細胞の廃棄処理問題などがある．従って昔から研究はされてきたが，これら非木材植物が工業的な製紙原料として木材の代替になる見込みはほぼゼロと見られている．ただし我々の食料に由来する農産廃物は必ず出るので，その利用の点から稲・麦わらやバガスなどはさらなる検討を必要とする．

　これら天然の植物繊維以外に，特殊用途の紙に加える目的で各種合成繊維，レーヨン繊維，無機繊維さらに明確な繊維形状を持たずフィブリルの集合体のような状態のポリオレフィン系合成パルプなどがある．例えば合成パルプは熱で溶融するので木材パルプ繊維と混抄後，加熱処理して耐水性の大きい紙になる．

5 調木・剥皮

　パルプ化準備段階の工程を調木（wood preparation）と言う．伐採された木は丸太にした後，通常ドラムバーカや水圧バーカを用いて樹皮を剥ぐ．前者では傾斜しつつ回転する円筒内に丸太を入

れて,まるで里芋の皮剥きのようにそれらが相互に擦れあうことで,後者ではノズルからの高圧水ジェットの吹きつけで剥皮 (debarking) する.なお現在主要なパルプ化であるクラフトパルプ化法(第 III 章 2-1)参照)を用いれば樹皮からもパルプが作れるので,この工程を省くことも可能であるが,樹皮は抽出成分が多くまた繊維が少ないのでパルプ化しても繊維収率が低くかつパルプ化に必要な薬品量も大きくなる.したがって通常樹皮を剥ぎ,残った皮はバイオマス燃料として利用することが多い.

　剥皮後の丸太あるいは製材後の廃材は,ともにチッパにより小さな木片であるチップ (chip) にしてからパルプ工程に運ばれる.チップにすればどんな形状の木材,例えば枝部も全て利用でき,かつパルプ化までの搬送・取り扱い(ハンドリング,handling)や貯蔵が容易である.すなわち搬送にはコンベアや風送手段が使われ,パルプ工場の広い土場にはいくつかのチップの山が作られる.機械パルプの一種である砕木パルプ(第 III 章 1-1)参照)には丸太を用いるが,それ以外のパルプ化では全てチップを用いてパルプを作る.

　木材そのものは自然界で生産される物であり,さらに樹種によるあるいは地域による差異が加わって,木材材質の変動は極めて大きい.しかし,チップさらにはパルプ化すなわち繊維にまで分離することで平均化され,工業原料として不可欠な一定品質を維持している.従って各種パルプは市況商品として国際市場で広く売買されており,経済新聞ではほぼ毎日その値段が出ている.パルプ・紙製品は経済産業省管轄の日本工業規格 (JIS) で,他方合板などの木材製品は農水省管轄の日本農林規格 (JAS) で規制さ

れるが，製品のバラツキに対する許容は当然後者で大きい．

　現在日本で使用されているパルプ用木材（チップ）はプランテーションからの早生樹材，製材廃材*が中心である．最近では間伐材や建築解体廃材さらに極めて少量であるが使用済み割り箸も含まれる．早生樹材および廃材チップの多くはチップ専用船で広く世界各地から輸入され（図 II-11 参照）ており，パルプ製造に使用される木材の約 7 割にのぼる．従って日本のパルプ製造工場は海岸立地である．元来パルプ用材は針葉樹が大半であったが，今日では広葉樹も使用され，日本での後者の割合は 75 % 近くにも上る．これらパルプ用材の内，最近急増しているのは亜熱帯地域プランテーションで植えられる早生樹材である．樹種としては主にユーカリやアカシアであり，その成長は極めて早く 8〜10 年周期で伐採される．これらの若木の生長が極めて早いことは一方で炭酸ガス同化作用が大変大きいことを意味し，プランテーションにおける早生樹栽培は大気中で増大している炭酸ガスの固定手段としても大変有効である．従ってプランテーションでのこれらの植林はパルプ用材生産とともに炭酸ガス排出権を有し，その売買もすでに行われているようである．

　パルプ 1 トンを製造するのに必要な用材の量（m³）を原木原単

＊：樹種や生育法にもよるが，腐朽部や曲がった部位などを除くと 1 本の木から製材用に取れる部分は意外と少なく，廃材をはじめ残りの枝や背板と呼ばれる部分などの端材の多くはチップ化される．いわば紙パルプ産業は木くず利用産業である．極端な場合，時々話題に上るマングローブのようにパルプチップにしか利用できない雑木はかなりある．マングローブ繊維の繊維壁はかなり厚く製紙用繊維としての評価は低いが，用途に合わせると使えるので，結果として亜熱帯の自然環境破壊者として紙パルプ産業が悪役になった感がある．

<2004年>

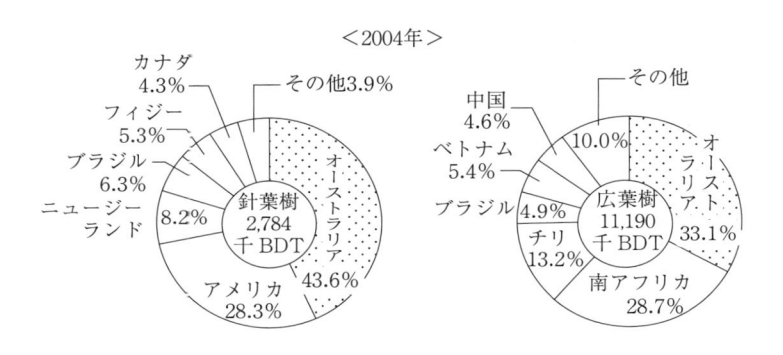

針葉樹
2,784
千BDT
- カナダ 4.3%
- その他 3.9%
- フィジー 5.3%
- ブラジル 6.3%
- ニュージーランド 8.2%
- オーストラリア 43.6%
- アメリカ 28.3%

広葉樹
11,190
千BDT
- 中国 4.6%
- その他 10.0%
- ベトナム 5.4%
- オーストラリア 33.1%
- ブラジル 4.9%
- チリ 13.2%
- 南アフリカ 28.7%

図Ⅱ-11 ●パルプ用材（チップ）輸入先（2004）

位（pulp-wood unit ratio）と呼ぶ．例えば少し古い数字であるがTMP（第Ⅲ章1参照）で2.33，BKPで3.44であり，パルプ収率の点だけから見ればこの数字が小さい程好ましい．原単位の概念は便利であり，他にも適用できるので例えばエネルギー原単位，原水原単位，CO^2排出原単位などいろんな原単位がある．

ニュージーランドの紙パルプ産業

　ニュージーランドは羊の国として，また最近では観光地としても有名になった．同国観光省が一体となって有力産業として育成してきた結果でもある．ちなみに日本で観光は現国土交通省（旧運輸省）の1部門が管轄している．これら以外に木材やパルプ・紙産業が同国の大きな産業であることを知る方は少ない．

　約80年前にアメリカのカリフォルニアでは余り大きくならなかったラジアータ松を植えたところ，温暖で湿潤な同国の気候に合ったのか極めて成長が早く，同国の植林地は次第にラジアータ松一色になった．日本の植林が山地で行われるのと異なり，同国の植林地は比較的平坦で，管理や伐採も機械化が進んでいる．従って比較的均質な木材が安く輸出できるので木材産業は大きく成長した．当然木材を原料とする紙・パルプ産業もここ50年で大きく発展した．なお熱帯および亜熱帯地域のプランテーションで植えられるユーカリやアカシアは広葉樹であり，植栽後約10年でパルプ専用として伐採されるのに対し，ラジアータ松は針葉樹であり，植栽後十分大きく育てて後伐採し，建築用材などを切り出した後の残材をパルプ用とする点が大きく異なる．同国のパルプおよび紙用原料木材の大半がラジアータ松なので，この点を生かした製造上の戦略が考えられている．すなわちクラフトパルプ製造に際しての副生産物であり，廃液である黒液から分離できるトール油は原料である樹種が同じであることから，これも均質であり工業原料として活用されている．

　一方，単一種の木材から最終用途における様々な要求に応えら

れるパルプ群の生産のため，辺材と心材（あるいは先端・枝材）を分けてパルプ化し，また機械パルプ化と化学パルプ化を併用している．なおニュージーランドの紙パルプ工業も，例にもれず世界的な吸収合併の波に飲まれ，ここ20年でも社名の変更や一部分離あるいは売却は何度も生じている．現在はアメリカおよびノルウェーを本拠とする世界有数の製紙会社の傘下にあるため，少しの修正はあるだろうが，上記したパルプおよび紙製造の基本戦略は変わらないと思われる．

第Ⅲ章 | *Chapter III*

パルプの製造

　パルプ（pulp）とは，元来植物組織から分離された繊維や細胞の集合体を意味し，例えば果肉入りオレンジジュースの果肉もパルプと称する．19世紀半ば頃までは主に衣料用の繊維の屑やぼろ，あるいは非木材からパルプを製造していたのであるが，産業革命に伴う紙の需要の高まりに供給が追いつかず，大量にある木材の繊維に注目するようになった．

　木材から繊維を分離する方法として，主として機械的に繊維を取り出すか，あるいは繊維間層に多いリグニンを化学的に分解除去するかが考えられる．これら手法に加えてリグニンが高温や熱水で軟化する事から熱の作用も利用されるが，以下に述べる機械および化学パルプの製造では大なり小なり，これら機械作用，化学作用および熱作用を組み合わせる．また組み合わせ方でこれらの中間的なパルプ製造法もあるが，その生産量は現在極くわずかであり，ここでは代表的なバージンパルプとしての機械パルプおよび化学パルプ，さらにリサイクルによる古紙パルプの製造について説明する（図Ⅲ-1参照）．パルプ化（pulping）で肝要なのは木材から如何に効率よく繊維を1本ずつ分離するかである．なおすでに述べたように針葉樹系と広葉樹系間での形態の差異（特に

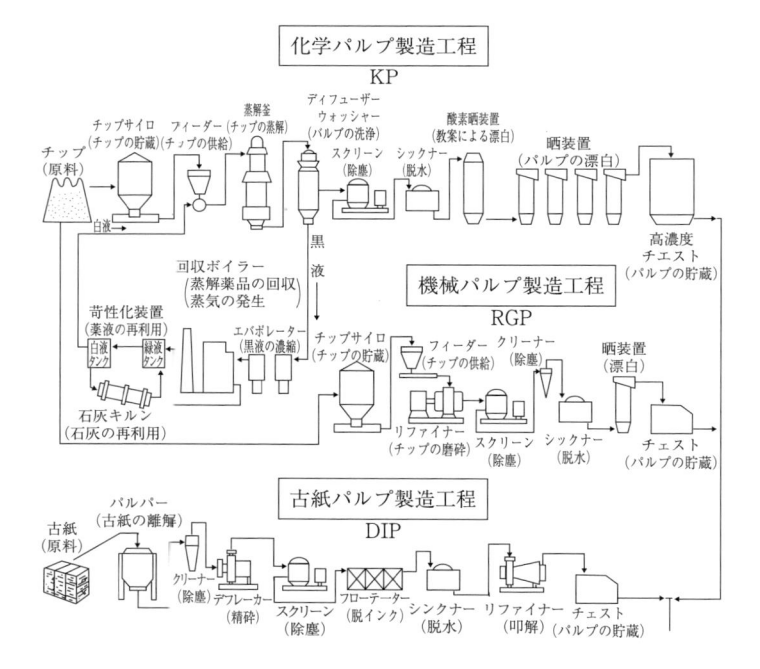

図Ⅲ-1 ●パルプ製造全工程概要図

繊維長のそれ）は大きく，また化学成分割合も異なるので調木からパルプ化工程までは針葉樹系，広葉樹系に分けて，それぞれに適したパルプ化条件で製造されている．

1 機械パルプ

　機械パルプは基本的に機械力と補助的な熱の作用でパルプ化を行うので，木材とほぼ同じ割合の化学成分を有するパルプになる．すなわちリグニンもそのまま残るのでパルプ収率（pulp yield）は90％以上，平均的には90数％である．ただし全て機械パルプで抄紙すると，そこに多く含まれる微細繊維の一部が流失するので，紙にした時の収率は少し低下すると考えられる．またこのパルプ化では機械を動かす電気代としてのエネルギーコストが製造コストの中で特に大きい割合を占めるので，主に電気料金の安い地域で生産され，かつ材の柔らかい針葉樹材がもっぱら用いられる．以下代表的な機械パルプとして砕木パルプ（ground pulp : GPまたは ground wood : GW），リファイナー砕木パルプ（refiner mechanical pulp : RMP），サーモメカニカルパルプ（thermomechanical pulp : TMP）の各製造法，および機械パルプ化の原理と特徴について簡単に説明する．

1）　砕木パルプ

　歴史的に最も古く，19世紀前半に開発された木材パルプであ

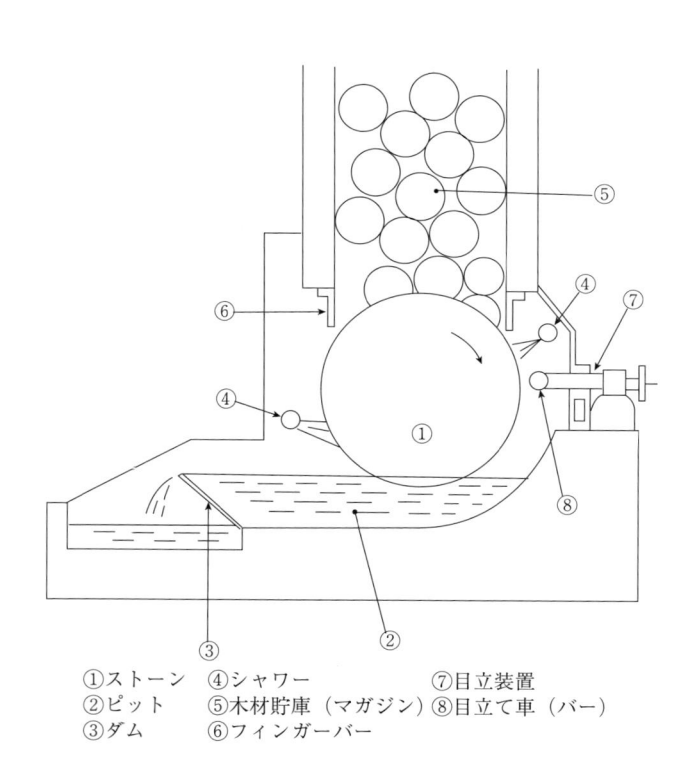

①ストーン　④シャワー　　　　　　⑦目立装置
②ピット　　⑤木材貯庫（マガジン）⑧目立て車（バー）
③ダム　　　⑥フィンガーバー

図Ⅲ-2 ●砕木パルプ製造装置概要図

る．大型の蜂が木をかじって作る木片で巣を作ることから考案されたと言われているが，現在では図III-2に示すように，表面に人造砥石を装着した円柱を回転させ同時に木材（丸太）を押しつけることで，その表面から半ば掻き取るように繊維を分離する．摩擦熱が発生するが，図のように一方で砥石は水で冷やされ，かつその表面を洗浄することで，比較的希薄な繊維懸濁液状態のパルプが得られる．丸太にかける加圧圧力，円柱回転速度，砥石の目立て程度や冷却程度を変えることで種々のグレードの砕木パルプが製造される．

2） リファイナー砕木パルプ

このパルプの製造においては砥石の代わりに図III-3のような歯型を有する2枚の円盤あるいは円錐を有するリファイナー（refiner　図III-4参照）を用いる．チップは水とともに狭い間隔で平行に向き合って回転する円盤の中心に送り込まれ，激しい剪断力を受けてパルプ化，すなわち繊維の分離および繊維表面からのフィブリルの毛羽立ちであるフィブリル化がもたらされる．丸太の替わりにチップを使用するので端材や廃材が利用でき，ハンドリングにも有利であり，さらに必要エネルギーの低減のための木材の軟化手段としての薬品の添加も可能である．分離された繊維は強い剪断力を受けて屈曲しているので，その使用に際しては，以下のサーモメカニカルパルプでも同様であるが，レイテンシ（latency）の除去と称して通常熱水で処理あるいは撹拌することで屈曲性を除去する．

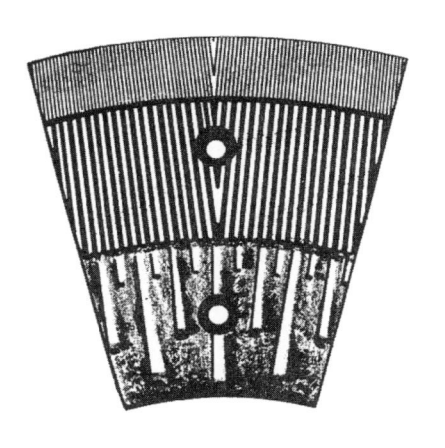

図Ⅲ-3 ●代表的なリファイナー円盤図 (Sprout Bauer)

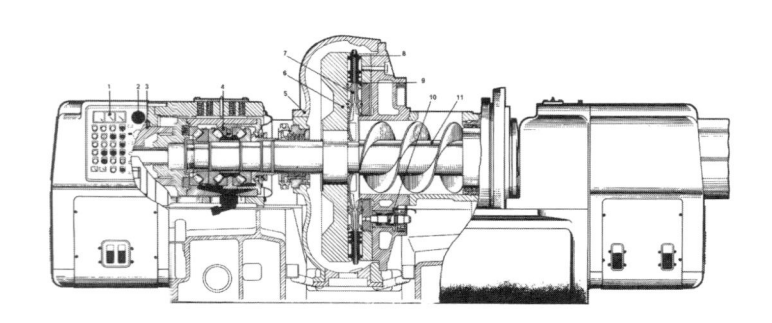

図Ⅲ-4 ●代表的なコニカルリファイナー

3） サーモメカニカルパルプ

リファイナー砕木パルプ化は期待された以上に普及しなかった．そこでその改良として，リファイナー中の木材チップに熱および蒸気を与えることで繊維間にあるリグニンの軟化を促し（図 III-5 参照），エネルギーコストの低減を図るとともに得られたパルプにおける長繊維成分の割合を高めたのがサーモメカニカルパルプである．その後亜硫酸ソーダなどの薬品を加えることでリグニンをさらに軟化させ，繊維の破損を防ぎつつ，パルプ収率の向上と消費エネルギーの減少を目的とするケミサーモメカニカルパルプ（chemithermomechanical pulp ; CTMP）も開発された．

機械パルプにおいては一般に長繊維成分が少なくかつ繊維間結合能力が低いがゆえに，それから作られた紙の強度の低いことが欠点であった．しかしサーモメカニカルパルプでは長繊維成分割合が比較的多くかつ結束繊維の生成が少なく（図 III-8 参照），これで作られた紙の強度が良好なことから，機械パルプとして現在最も生産量が多い．

代表的な紙である新聞用紙はかって砕木パルプに補強材としてクラフトパルプ（第 III 章 2-1) 参照）を少量混合して製造していたが，サーモメカニカルパルプの出現によりクラフトパルプの補強なしでこれのみで製造されるようになった．しかし最近では紙のリサイクル利用が叫ばれ，サーモメカニカルパルプを含む機械パルプの代替として古紙パルプの使用が増えた．現在日本で生産される新聞用紙に用いられるパルプには古紙パルプが最も多く含まれ，100 ％それの新聞用紙もある．

図Ⅲ-5 ● TMP製造装置

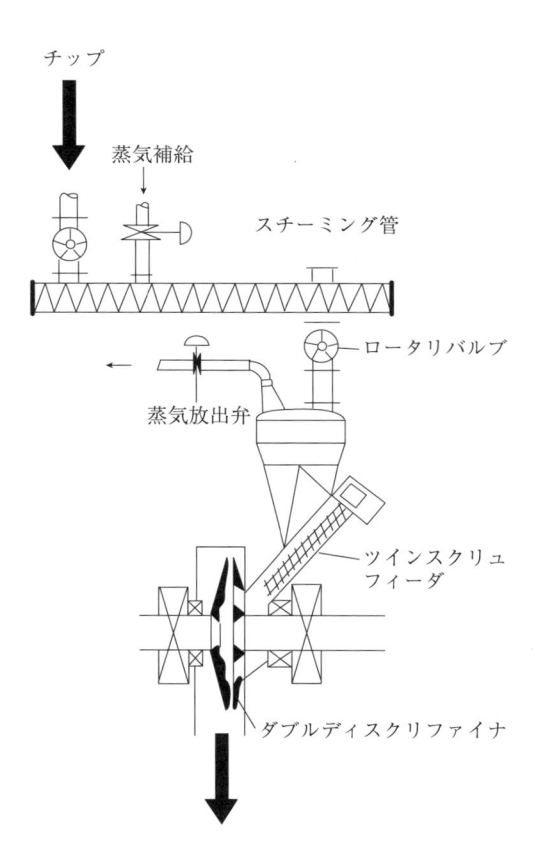

4） 濾水度測定

　機械パルプの生産・品質管理にはもっぱら，一定濃度および量のパルプ繊維懸濁液を濾過して湿シートを形成する際の脱水速度である濾水度（フリーネス，freeness）が用いられる．この測定原理は，繊維が網上に湿シートを形成しながらそこから脱水する際の速度が，パルプ繊維におけるフィブリル化の程度や微細繊維生成割合に依存することに基づく．原理は同じであるが，ショッパーリグラー（schopper-Riegler）型とカナダ標準型（CSF；Canadian standard freeness）の濾水度試験法があり，測定温度およびパルプ濃度による補正も可能な後者が通常よく用いられる．

　カナダ標準型濾水度測定器は，直径 0.5 mm の穴が表面 1 cm^2 あたり 97 個ある多孔金属篩板を底に持つ濾水筒と排水孔を二つ持つ計測漏斗より構成される（図 III-6 参照）．密閉した濾水筒の空気孔を開けると 0.3％濃度のパルプ懸濁液 1 L の濾過が始まり，濾水筒の多孔金属篩板に湿シートを形成しながら，濾過した水は計測漏斗から排水孔に落下する．この際濾過速度が大きいと排水孔だけでなく側孔からも排水され，この側孔からの排出量が CSF (ml) である．繊維のフィブリル化が進むかあるいは微細繊維が増えると濾過速度が減少して CSF は低下する．濾水度は機械パルプの製造・管理だけでなく，化学パルプの抄紙前での重要な処理である叩解の評価（第 VI 章 1 参照）さらに抄紙時での脱水速度の評価などに今も広く使用されている．

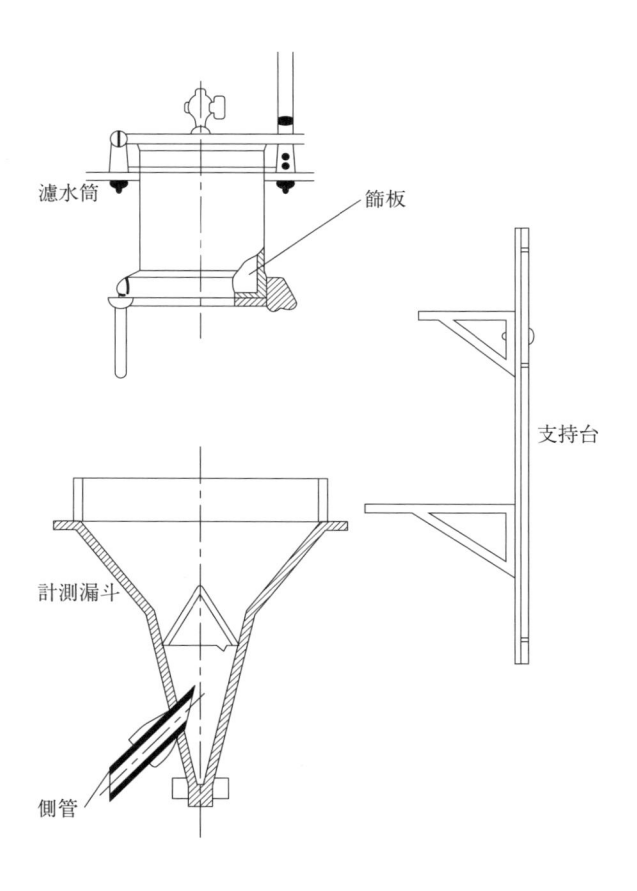

図III-6 ●カナダ標準濾水度（CSF）測定装置図

5） 機械パルプ化の原理および機械パルプの特徴

　機械パルプの製造において使用する砥石にしろリファイナーの歯形円盤にしろ，ともに木材表面から切り裂くようにして繊維を分離する作用もあるが，現在ではむしろ木材チップ相互間および木材と砥石あるいは歯形円盤との間の摩擦で生じた熱が繊維間層のリグニンを軟化させる一方で，図 III-7（下）に見られるように砥石やリファイナー歯形円盤が作る凹凸が木材表面に高速の圧縮とその解放の繰り返しを引き起こすことで繊維が破断および剥がれると考えられている．

　図 III-8 は砕木パルプ，サーモメカニカルパルプおよび代表的化学パルプであるクラフトパルプの光学顕微鏡観察による比較であるが，元の繊維形状がほとんどそのまま残って繊維の分離が行われる化学パルプに比べ，機械パルプ，特に砕木パルプでは大半が破断した繊維および繊維束であり，平均繊維長は短く，微細繊維（fines）が非常に多い．従って元来繊維が短い広葉樹を機械パルプの製造に用いると，得られたパルプの繊維長が極端に短くなり，それから作成した紙の強度は大変低い．そこで機械パルプ製造には通常，材が柔らかく機械エネルギーコストが安く済むことと併せ，繊維がより長い針葉樹を用いる．

　繊維の破断などで生じるフィブリルや繊維壁二次壁中層（第 II 章 1-2）参照）の露出によりセルロースあるいはヘミセルロースの水酸基同士の接触が可能になり，機械パルプからの紙での繊維間結合の発達に繋がる．しかし一方で機械パルプ繊維は剛直で疎水性のリグニンも随所にそれら表面に存在するので繊維間結合が発

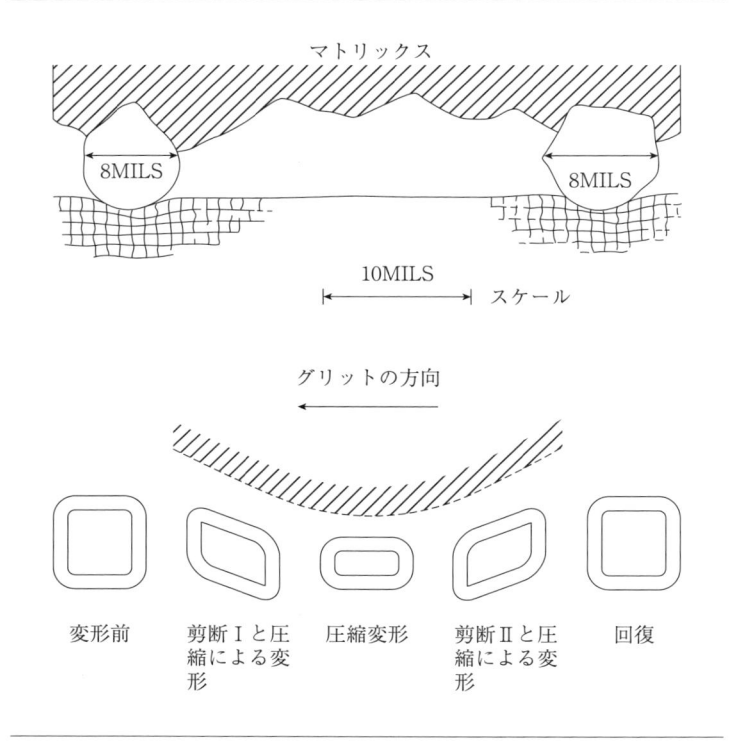

図中ラベル:
- マトリックス
- 8MILS
- 8MILS
- 10MILS
- スケール
- グリットの方向
- 変形前
- 剪断Ⅰと圧縮による変形
- 圧縮変形
- 剪断Ⅱと圧縮による変形
- 回復

図Ⅲ-7 ●機械パルプ化原理図（Atack D.）
　　　　下は上の右端の拡大図

達しにくく，従って機械パルプからの紙はかさ高く，不透明度は大きいが，諸強度は低い．さらにリグニンがそのまま残存しているので変色しやすいが，吸油性は良い．したがって主に使用期間の短い新聞用紙，トイレット用紙，ティッシュなどに用いられる．

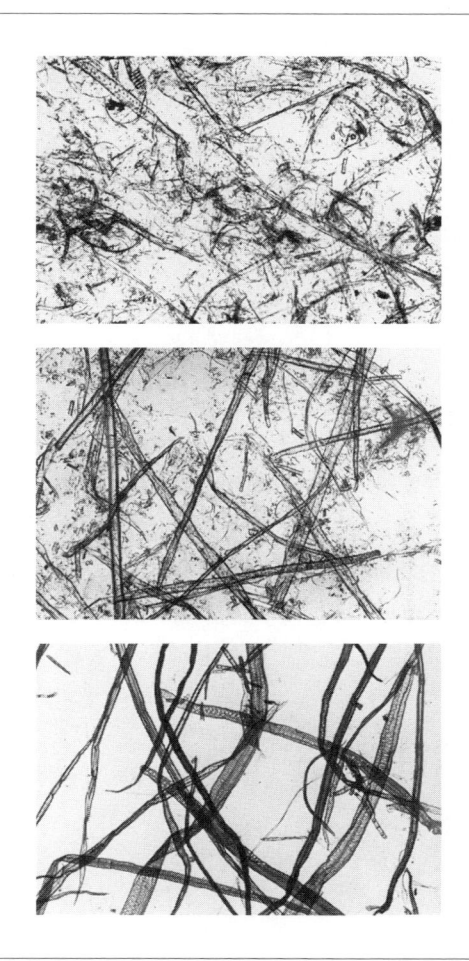

図Ⅲ-8 ●針葉樹から作られた砕木パルプ（上），サーモメカニカルパルプ（中）および，クラフトパルプ（下）の顕微鏡写真（繊維学会編　図説繊維の形態　朝倉書店　1982年刊より）

2 化学パルプ

　薬品の化学作用（当然化学反応を高めるため高温にする）で，細胞間層にあるリグニンを分解溶出させ木材から繊維を分離する，いわゆる蒸解（cooking or digestion）による化学パルプ製造法は19世紀後半に開発された．蒸解薬品として主に苛性ソーダ（水酸化ナトリウム）や炭酸ソーダ（炭酸ナトリウム）を用いるソーダ法にはじまり　次いで亜硫酸とその塩を用いる亜硫酸（サルファイト，sulfite）法がもっぱら用いられた．原料は針葉樹に限定されるが，このパルプ化法による亜硫酸パルプ（SP；sulfite pulp）は無漂白でもかなり白く，かつレーヨン製造などの溶解用パルプ（第II章2参照）としても適していた．しかし蒸解廃液の処理が容易でないこともあり，しだいに以下に述べる硫酸塩（サルフェート，sulfate,）法に置き換わった．この方法は，このパルプからの紙の強度が大きいことから，通常クラフトパルプ（kraft pulp, KP）法とも呼ばれ，現在では日本でもまた世界においても化学パルプ製造の大半を占める．ちなみに日本における全バージンパルプ製造に占めるクラフトパルプの割合は約85％であり，残りの大半は機械パルプである．酸性下で行う亜硫酸パルプおよび，アルカリ性下で行うソーダパルプとクラフトパルプいずれの蒸解法でもリグニンのみが溶出するのではなく，ヘミセルロース，さらにはセルロースの一部も分解・溶出するので，乾燥木材あたりのパルプ収率は40–50％とかなり低い．ただし以下で述べるように溶脱した成分は燃料にしているので総合利用効率としてはこれよりかなり

大きい数字になる．

　パルプ化あるいは蒸解の程度は収率でも見当がつくが，一般にはK価（K value）や過マンガン酸価（permanganate number）といったパルプ中の残存リグニン量を測定することで評価する．

1）　クラフトパルプ

　苛性ソーダに硫化ナトリウムを加えて蒸解すると，図III-9（蒸解薬品が苛性ソーダだけのソーダ法と苛性ソーダに硫化ナトリウムを加えたクラフト法での蒸解時間に伴う炭水化物およびリグニンの溶出量変化を比較している）に見られるように，炭水化物すなわちセルロースおよびヘミセルロースの分解量は変わらないが，リグニンの溶出が蒸解後半で大いに進むことが19世紀末に見いだされた．これらを主な蒸解薬品として使用するKP法では以下に述べるように薬品がリサイクル可能であり，また針葉樹であれ広葉樹であれ樹種を問わずにパルプ化できるなど利点も多かったが，難漂白性であり当初工業化されなかった．しかし以下で詳しく述べるように連続蒸解釜*の開発や漂白剤として二酸化塩素が利用されるなど，実用化のための条件が揃うようになり，また廃液中

---

　*：パルプの蒸解を含む化学反応に用いる反応釜（圧力釜）は通常球形や長円球型をしており，所要時間の反応終了後に高温かつ高圧の釜を冷却して後，釜を開けることで反応生成物を取り出すバッチ式が多い．この方式は作業効率およびエネルギー効率が極めて悪い．連続蒸解釜はこれらの点の解消を目指し，24時間連続運転できるようにした円筒型の反応釜である．チップが釜内をゆっくり上から下へ移動する間に蒸解するのである．そのポイントは高温高圧状態にある反応釜の内容物の逆流，すなわち飛び出るのを防いで，如何にして上端から連続的にチップを釜に送り込むかにあった．

のリグニンをエネルギーとして利用できることなど省エネルギーおよびゼロエミッション的プロセスであることから，今日化学パルプといえばほぼこのクラフトパルプを指すようになった．

　蒸解にあたっては針葉樹系あるいは広葉樹系チップに分け，最近ではいずれも連続蒸解釜を用いて温度約170 ℃数時間で連続的にパルプ化される．蒸解薬液は主に苛性ソーダおよび硫化ナトリウムから成る水溶液で白液（white liquor），蒸解後の廃液は黒色を呈し，黒液（black liquor）と呼ばれる．

　溶出したリグニンおよび一部分解したヘミセルロースやセルロースなどの有機物を含む黒液は，パルプ洗浄廃液（水で希釈された黒液）と併せて固形分濃度約70 %まで濃縮した後，燃焼する．この際発生する熱で蒸気を起こし，タービンを回して発電する（規制緩和により現在，クラフトパルプ製造工場の多くは売電事業も行っている）．その後の蒸気は温蒸気さらには温水となって抄紙時の乾燥などの熱源として利用する．すなわちパルプ化に際して排出されるリグニンを主とする有機物を燃料とした，コージェネレーション（熱電併給）エネルギー利用（総合エネルギー効率が70〜80 %であり，通常の火力発電での最高効率約45 %より格段に大きい）が行われている．ここで作られるエネルギーは紙パルプ産業で使用する全エネルギーの約1/3（リサイクルパルプ生産の比率が大きい国程この割合が小さい．ちなみにアメリカ合衆国では約40 %）をまかなっており，また現在日本で利用されているバイオマスエネルギーの9割以上はこの黒液燃焼で得られている．さらに大事なことは黒液中の廃蒸解薬品が以下のように再利用されることである．すなわち黒液は燃焼中に還元されて炭酸ナトリウムと

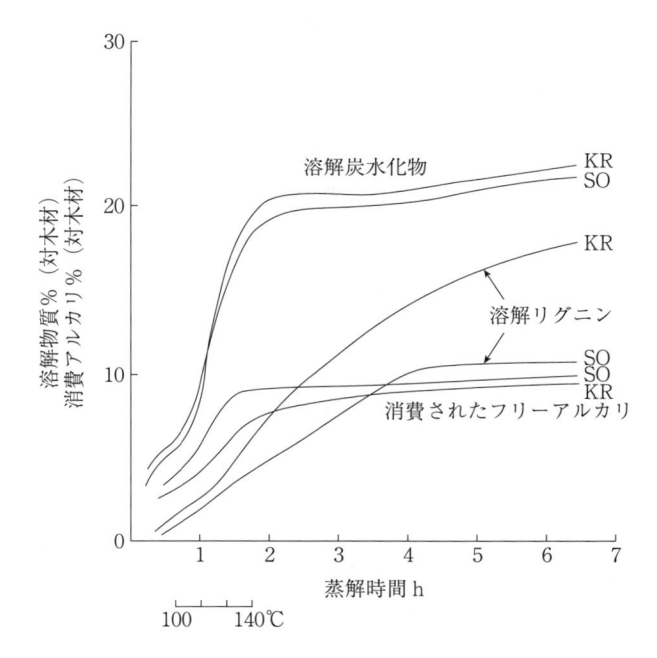

図Ⅲ-9 ●スプルース材を用いたクラフト（KR）およびソーダ（SO）蒸解過程（140℃）におけるアルカリ消費と木材成分の溶出状態

硫化ナトリウムの溶融物になる．これを水に溶かした緑液（green liquor）中の炭酸ナトリウムを消石灰（$Ca(OH)_2$）で苛性化して苛性ソーダにすると再度白液ができる（図 III-10 参照）．極くわずかなソーダ（ナトリウムとも呼ぶ）および硫黄の損失は，ぼう硝（硫酸ナトリウム Na_2SO_4，硫酸塩法の名称はこの補給薬品名に由来する．セロハンやレーヨンの製造に際しての副生成物でもある）あるいは排煙脱硫（第 V 章-2 参照）で得られた亜硫酸ソーダ Na_2SO_3 で補給されている．まさに今日的に言えばゼロエミッションに近い，すなわち自己完結で外部に何も出さないパルプ化法である．唯一欠点とされた悪臭の発生も，今日技術的にはほぼ解決されている（第 V 章-2 参照）．

24 時間運転の連続蒸解釜の普及もあって化学パルプ化法としてほぼ確立された観のあるクラフトパルプ法であるが，近年はその後の漂白を容易にしたり，あるいはパルプ収率向上のために，連続蒸解工程（円筒型の釜の途中）の温度や薬品量を細かくコントロールしたり，極く少量のキノン類を蒸解液に添加するなどの改良が実施されている．

蒸解後のパルプは洗浄して廃液を除去し，さらに未蒸解あるいは異物を除去する精選工程を経て，次の漂白あるいは調成工程に送られる．この精選工程でよく用いられるのが遠心式クリーナー（セントリクリーナー，centrifugal cleaner）である．図 III-11 のようなコーン内部に濃度 1 ％以下のパルプ懸濁液を送り，その中で渦流を作る．異物と繊維は比重と形状が異なるのでそれらに生じる遠心力と流体剪断力も異なり，重い異物はコーン内壁に沿って下から排出される．なお蒸解直後までかろうじて保たれていたチッ

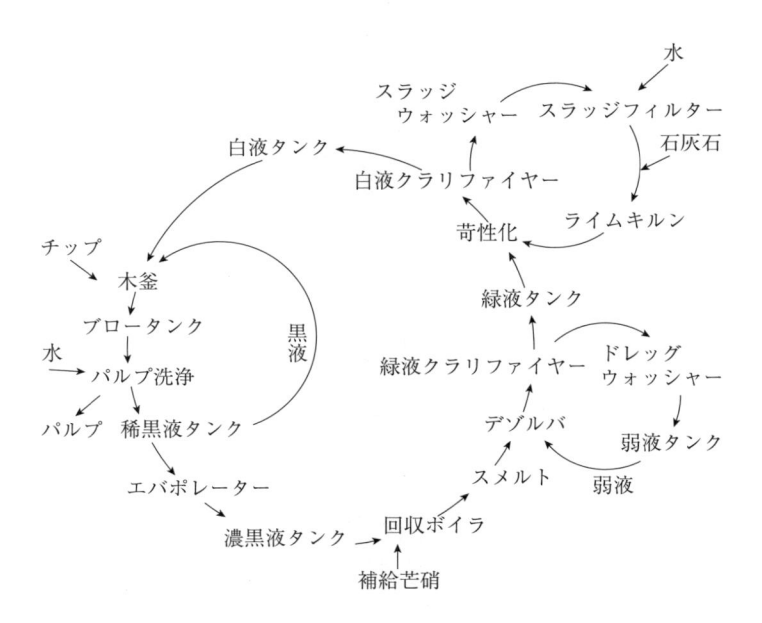

図Ⅲ-10 ●クラフトパルプ製造工程における薬品循環図

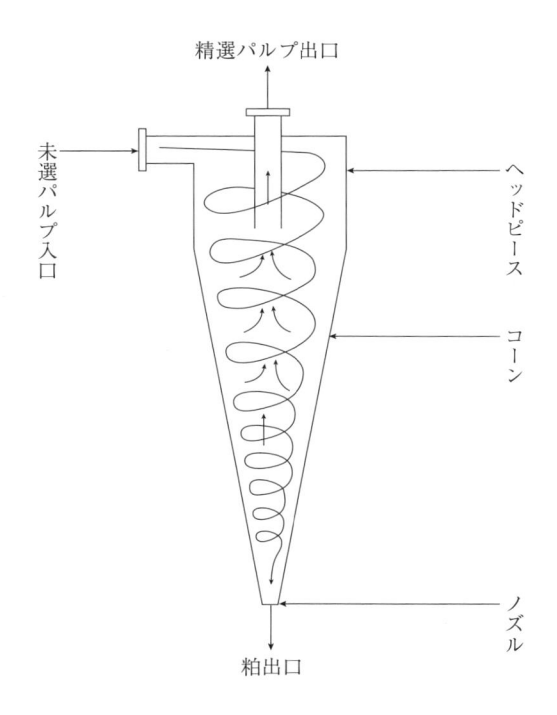

図III-11 ●セントリクリーナー概要図

プの形状はこれら洗浄，精選工程の間に崩れ，パルプ繊維として1本ずつに分離する．

2） 溶解パルプとしての前加水分解クラフトパルプ

レーヨン工業の衰退などで需要が大きく減少したとはいえ，ア

セテートやセロハンの製造に必要なセルロース原料としての溶解パルプ（DP: dissolving pulp）は依然として必要であり，現在も総パルプ生産量の約5％が溶解パルプである．木綿短毛であるリンター以外の木材由来の溶解パルプは以前亜硫酸法で製造されていた．ところがこの製造法がほぼ消滅したので代替法としては以下に述べる前加水分解クラフトパルプ法が用いられる．

　製紙用の化学パルプとしては主として細胞間層にあるリグニンだけを除去すれば良く，セルロースおよびヘミセルロースは収率の点からもできるだけ残すことが望ましい．その点クラフトパルプ法は優れている．抄紙時に糊のような役割を果たし，紙の強度の向上に貢献するヘミセルロースの多いことが，クラフトパルプから作られる紙が強い原因でもある．一方でほぼ唯一の化学パルプとして存在するクラフトパルプを溶解パルプとして用いれば，ヘミセルロースの存在が逆に欠点になる．そこで溶解パルプ製造用のクラフトパルプ製造法として，蒸解前に高温の蒸気をチップに吹き込み，その中の有機酸による加水分解作用で予めヘミセルロースを水溶性の少糖あるいは単糖にまで解重合して遊離した後，通常のクラフトパルプ蒸解工程でパルプ化する前加水分解クラフトパルプ法が用いられている．

3 | 古紙パルプ

　現在日本の製紙用繊維原料の約6割はリサイクルした古紙パルプである．このパルプは通常脱インキ（脱墨）処理を行っている

ので海外では脱インキパルプ（deinked pulp：DIP）と呼ばれることが多い．リサイクルにより原木資源が節約されるだけでなく，膨大な廃棄物収集・処理に悩む各自治体の負担を軽減し，電力消費の大きな機械パルプの代替として省エネルギーにも役立っている．ただし一方で集荷や分別および脱インキ過程等で多量のエネルギーを必要とする．また地球温暖化対策の一つとして，大気中の炭酸ガスの吸収および循環を促す観点からは，植林した早生樹からバージンパルプを製造することも大変重要であり，バージンパルプとリサイクルした古紙パルプ各製造量の比率は，それぞれの国や地域でのエネルギーコストおよび環境コストを勘案して決めるべきであろう．例えば紙として4〜5回リサイクル使用した後，サーマルリサイクル（燃料としての使用）するのが良いとの試案も出されているが，最近の原油価格の高騰が常態化してエネルギーコストが高止まりになればリサイクル回数を減らすべきかもしれない．古紙パルプは，用途的にはパルプ品質より量を要求する包装用に大量に使用され，段ボールなど包装用の紙はいずれもほぼ100％古紙パルプで製造される．

　紙は時間の経過とともに品質の低下や劣化を生じる．しかし正倉院に伝わる紙で見られるように，通常の紙使用では時間の経過に伴う劣化は極く僅かであり，むしろリサイクルに伴う抄紙工程での脱水・乾燥の繰り返しにより生じる劣化が問題になる．特に化学パルプはこのリサイクル過程での劣化，特に繊維間結合力の低下が顕著であると言われている．しかし多数回リサイクルを繰り返しても依然として相当程度繊維間結合能力を有しており，段ボールの中で波形に型づけされる中芯原紙（corrugated medium，第

VIII章3参照)など強度をさほど必要としない紙製品には十分使用できる．むしろ古紙パルプの用途を広げるべく情報用紙にするには，白色度がより重要になる．すなわちある程度の繊維間結合力低下より，異物(特に残存したインキ)の影響がより重要であり，古紙パルプの製造は残存するインキの除去が骨子になる．集められた古紙の繊維組成や異物は常に変動する．それゆえ異物の大きさ・形状・比重・表面性状などの差を利用した様々な異物分離除去法が組み合わせて用いられる．その点事業所から出る廃紙や家庭からの新聞古紙は，異物や汚染程度が同じでかつ大量にあるのでそれらの分離除去が効率良く行える．新聞古紙の多くが新聞用紙に再生されるように，紙は同じ用途でリサイクルされる方が結果として好ましい．

　家庭や事業所から回収された古紙は＊，一旦混入すると製紙工程あるいは紙の品質に悪影響を及ぼす粘着テープや感熱紙などを除くため，まず集荷工場において人の目で選別される．その後大型の洗濯機のようなパルパー (pulper, 図III-12参照) により水中で離解され，併せて図中でぶら下がった紐のように見えるラガー (ragger) で軽量の浮遊物が除去される．次いでスクリーンや遠心力の差を利用するクリーナー (図III-11参照) による異物の除去

＊：巷間では，古紙1トンは直径16 cm長さ4 mの木材10本に相当するとして，古紙回収が叫ばれている．リサイクルの必要性そのものは間違いではないが，すでに述べた (第II章5参照) ように木材1本が全て紙に成るわけでなく，建築用材になる部分もあり，むしろ枝や端材など他に用途がなく捨てる部分をチップにしてパルプ化しているので，この換算は誤りである．結果としてこの数字が一人歩きする形で一般に誤解，誤用されているのは残念である．同様な例が割り箸騒動である．他にパルプチップにしかならない部分の有効利用なのであるが，いつのまにか同様の換算がまかり通っているのが世の中の実情である．

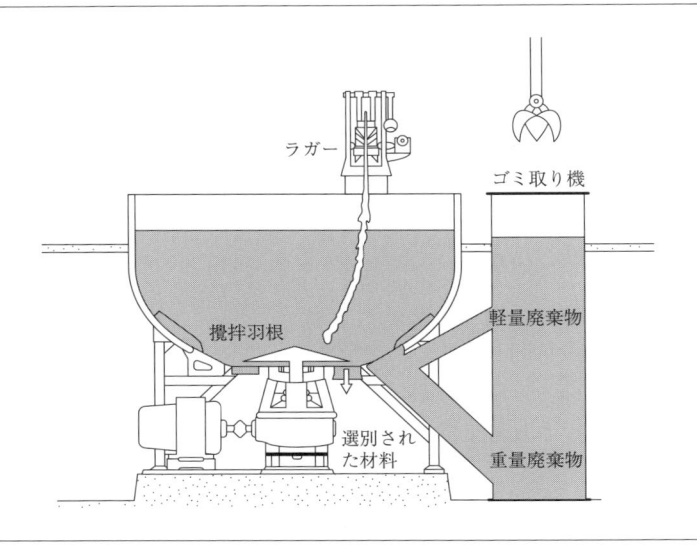

図III-12 ●パルパー図

および，ニーダなどの混練機によるさらなる繊維の離解を経て脱インキ工程に向かう．この間に繊維表面にあるインキは，主に摩擦作用や擦れ合いにより繊維表面から剥がれる．脱インキは基本的には洗濯と同じ原理であり，離解工程で分離したインキ微粒子と繊維の分別は水洗（洗浄）法あるいはフローテーション法で行われる（図III-13参照）．前者では家庭での洗濯と同様大量の水で微細片化したインキを洗い流し，残った繊維を留めることでパルプ化する．後者では微細な空気泡を多量に吹き込み，空気泡にインキ微粒子を付着させて水面に浮上させ，これを掻き出して除去する．前者ではインキとともに流れ出る繊維も多く，繊維収率が

やや低いことおよび多量の水を使用することから日本では後者による脱インキがもっぱら用いられる．図III-14は異物のサイズ分布と異物分別適性の関係を示すが，分別工程の前で寸法的にどの程度インキを離解・細片化するのかは後の分別工程に依存することが分かる．なお脱インキは情報用紙に対して行う工程であり，段ボール古紙など脱インキを施さない古紙パルプも多い．

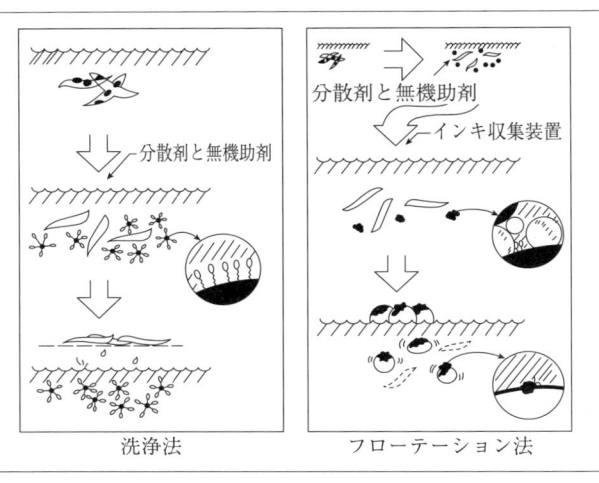

図Ⅲ-13 ● 洗浄法とフローテーション法による脱インキの模式図（Horacek, R. G. & Jarrehult, B., 1989）

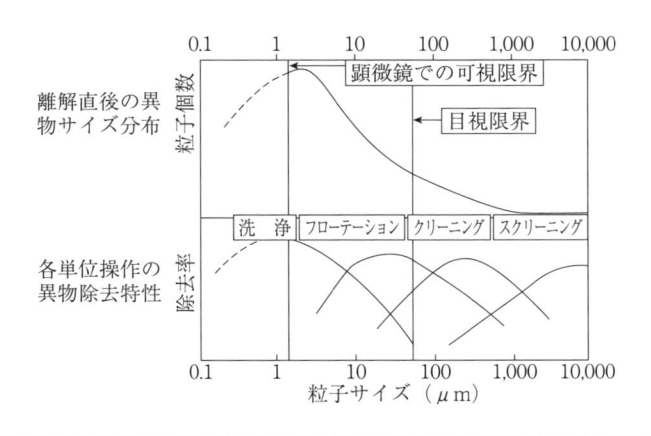

図Ⅲ-14 ● 古紙パルプにおける異物のサイズ分布と異物分別適性（1990）

情報網を駆使したローマ皇帝

　今やネット社会と言われ，ホームページでも何でも瞬時に調べられる世の中になった．ネット情報をつないでレポートにする学生が増えたと，お嘆きの先生も多い．
　ネット情報は全て正しいのか？
　全て間違いとは言えないが，その多くで問題ありと思われる．ある大学の研究室のホームページを開いたら，やっても居ない研究がさも立派に書かれているのに驚いたことがある．編集者の加減でどうにでも書き込めるのである．でもパソコン画面で表示されると人間は何でも正しいと錯覚するらしい．またある大学の入試の判定で，プログラムのちょっとした間違いに気づかずコンピュータ結果を全て正しいとして，最終的に誤った得点が出て問題になったことがあった．その後入学金の返済等で教官全てに高額の負担になったと聞いている．
　これら2例は情報化社会の典型的な落とし穴だろうが，情報のもつ同様な問題は古くから認識されていたのである．塩野七生さんの書かれた『ローマ人の物語』（新潮社）を読むと，ローマ時代では，もちろん紙媒体の情報が道路網（全ての道はローマに通じる）によって伝達された．例えばゲルマン部族の軍事的進入を知らせる書簡がマケドニア管区軍団長から皇帝にもたらされると，皇帝は自らが指名したその軍団長の性格や癖等全てを考慮しつつ文面を読んで判断して指示を出すのである．この紙―道路網情報システムとその的確な運用により，皇帝はローマに居ながらにして広い全ローマ帝国を統治できたのである．多くの情報の取

捨選択，またその正確さの判断が極めて重要なことが分かる．

　当時の紙情報時代と異なり，電子情報時代である現在の情報量は極めて多くかつ高速なので，情報処理が大変な時代になったと感じる今日この頃である．余談だが，ローマは長く世界帝国として君臨した多民族国家であり，その間少子化問題や税制など現在と同じ多くの課題にも直面して解決していた．私事ながら学生時代の下宿先の隣人（法学部生）がゼミでローマ法制史を選んだと聞き，なんと古くさいと思ったことを後悔している．

第Ⅳ章 | Chapter IV

パルプの漂白

　蒸解・洗浄後のパルプはパルプ化法の如何にかかわらず，大なり小なり褐色を呈する．この色は残存するリグニンあるいは変質したリグニンに由来する．このリグニン系着色物質の脱色あるいは除去を漂白（bleaching）と称する．漂白に使用する薬剤は酸化剤または還元剤であることが多く，それらの酸化または還元作用によって着色物質中の発色団（chromorphore）の化学構造を変化させて発色能をなくすか，あるいはそれを分解除去するかである．前者をリグニン保存漂白と称し，パルプ収率の高さが長所の機械パルプでの漂白に多用し，後者はリグニン除去漂白と称して主に化学パルプに用いる．ただしいずれの薬品も副作用的に繊維を傷めて，繊維強度ひいては紙強度を低下させることを勘案しなければならない．パルプの白さは一般に酸化マグネシウムを標準とする白色度（第Ⅹ章5-1)参照）で評価・表示する．

　漂白目標が低い場合は単（一）段漂白処理で十分であるが，安価な処理でかつパルプの強度や他の性質に影響することなく高度な漂白を達成するには2種類以上の処理を組み合わせた多段漂白が必要になる．漂白薬剤としては，長年主に塩素および塩素系薬品が使用されてきた．その隠れた理由の一つとして，食塩

(NaCl) の電気分解でできるナトリウム (Na) が苛性ソーダ (NaOH) に変換されて大量に使用され，残りの塩素 (Cl) を漂白剤や塩化ビニル等として利用することで工業的な物質収支を計っていたことも挙げられる．しかし近年，塩素を含む物体が，焼却炉での燃焼過程で有害なダイオキシンに変化しうることが指摘されてから，非塩素系であり，排水処理が容易で安全かつ安価な漂白剤やその処方の開発が急がれた．最近の漂白技術の変化は著しいが，そこには漂白設備における耐薬品腐食性の向上やパルプ繊維濃度 30 %（水は繊維表面にのみ存在し，パルプに流動性はない）にも及ぶ高パルプ濃度下での均一撹拌技術の進展が新しい漂白薬剤の使用を可能にしたことも見逃せない．

1 機械パルプおよび古紙パルプの漂白

木材資源のさらなる有効利用として，近年パルプ収率の大きい機械パルプが見直されているが，印刷用紙など機械パルプの高グレード化には漂白が欠かせない．また古紙パルプについても同様の目的で漂白される場合が多い．機械パルプおよび古紙パルプの多くはともに以下のような保存漂白を行う．ハイドロサルファイト（亜二チオン酸ナトリウム）塩を用いて着色物質中の発色構造を還元して無色にする還元漂白，あるいは過酸化水素（H_2O_2）を用いて酸化的反応で発色団を不活性にする酸化漂白が用いられ，最近高パルプ濃度（25 %前後）下での後者の一段または二段使用が増大している．

2 化学パルプの漂白

　蒸解直後の未さらしクラフトパルプは特に白色度が低く,その漂白では薬品コストやパルプ強度低下の防止および高白色度を得ることを考えて多段漂白が用いられる.この多段漂白の組み合わせをシーケンス (sequence) と呼び,様々な組み合わせで漂白が行われている.なお漂白工程の組み合わせには漂白作用で分解したリグニンを抽出するアルカリ抽出段を間に挟むことが多い.近年シーケンスの最初は中あるいは高パルプ濃度 (10〜30 %) でアルカリ性下での酸素処理が多用され,この処理で残存リグニンの約半分が除去されると推定されている.次段には塩素処理がよく用いられてきたが,上述したようにダイオキシン問題発生以来塩素処理を省く流れが加速している.塩素 (Cl_2) 処理に代ってよく用いられるのが二酸化塩素 (ClO_2) による処理である.この処理により繊維を痛めることなく,すなわちパルプ強度の低下を引き起こすことなく残存リグニンを選択的に酸化分解して除去できる.なお二酸化塩素を含む全ての塩素系薬剤を使用しない漂白をTCF (total chlorine free),ダイオキシンの発生が少ない二酸化塩素は使用するが塩素は使用しない漂白法を ECF (elementary chlorine free) と称し,これら漂白システム特に後者は環境意識の高い欧州諸国を中心に広がっている.

　漂白薬品として,酸素に加えてオゾン (O_3) の使用が実用段階に入り,またパルプ繊維中に残存するリグニンの多くがヘミセルロースと結合していることから,ヘミセルロース分解酵素処理も

最近日本の一部工場で導入された．すでに述べたように比較的新らしい漂白薬剤である酸素や過酸化水素，さらにオゾンはいずれも安価で排水処理も容易なことが特徴である．

パピルスと羊皮紙

　多くの方がご存じのように，紙のことを英語でペーパー（paper）と呼ぶ．この呼称は古代エジプトにおいて筆記材料として，今日の紙のように用いたパピルス紙に由来する．ナイル川上流に自生する多年生草本であるパピルス（*Cyperus papyrus*, L.）の茎から髄を切り取り，これをさらに薄く切ってまず薄片とする．この薄片を水中で叩き，かつ幅と長さを揃えつつ，一部が重なるように平行に並べてプレス，乾燥脱水することで筆記材料とした．だから，紙の名前の由来ではあっても製造原理は全く異なる．この植物繊維を叩き伸ばして貼り合わせる方法は，現在でもメキシコ他各地に残っている．またある種の植物の葉を書記材料とした例は古代インドなどでもあるようだし，さらに中国南部に自生するある植物の髄を薄く削っただけの紙は今でも特殊用途に作られているそうだ．

　製紙技術が伝わる前の欧州の主な書記材料は，パピルスから取って代わった羊皮紙（パーチメント，parchment）であった．これは牧畜の盛んな小アジアで古くから発達した半透明の羊（特に雄の仔羊），山羊や仔牛の皮（なめさないので，インキのにじみが少ない）による筆記材料である．水につけた皮を薄く伸ばして木枠に張り付け乾燥する．その後表面の凹凸をナイフで修正し，さらに表面を磨いて平滑にし，最後に顔料をすり込んで不透明にしたのである．

第Ⅴ章 | Chapter V

環境および公害対策

　紙パルプ産業をはじめ原料を加工して製品を生産する製造業は，電気機器産業や自動車産業などのような組み立て業と異なり，その工場地域で公害問題（pollution）を起こす恐れが大きい．かなり以前であるが紙パルプ産業（特にパルプ製造工場）は，ヘドロや悪臭を出す公害企業であるという悪いイメージがあった．また最近ではさらに，地域公害だけでなく温暖化など地球規模にも悪影響を及ぼさないことが全製造業に求められるようになりつつあり，これをクリアできないと工場さらには産業そのものが淘汰されるであろう．例えばパルプ製造において亜硫酸法（第Ⅲ章2参照）がほぼ消滅した理由の一つは，このパルプ製造法では安価で有効な環境対策が取れなかったことである．紙パルプ産業は，生産工程で大量の水を使用し，熱および電力も消費する産業なので，特に排水や空気の汚染が問題になる．さらにクラフトパルプを製造する工場では悪臭問題にも触れる必要がある．

1 排水による水質汚濁

　紙パルプ産業の排水においては微細繊維やコロイド状物質を含む浮遊物(suspended solids；SS)および溶存有機物が主な水質汚濁源になる．微細繊維を中心とする SS 自体は有害ではなく，いずれ自然に分解するが，高濃度であれば，それが次第に沈降・堆積して水棲動植物の生活環境を損なう．かってパルプ・紙工場が集中する富士市の田子の浦に，SS からなるヘドロが貯まって公害問題になったことがある．

　まずスクリーンで粗大物を除去した後の排水は，通常静置沈降に加えて，主に凝集剤により強制的に浮遊物を集めることで沈降を促す凝集沈殿法で SS を除去する．

　一般に排水中に含まれる溶存有機物は，以下に示すようにそれが生分解する過程で溶存している酸素を必要とする．このことは排水中に溶存する有機物が増えると水中の酸素が

$$C_6H_{12}O_6 + 6O_2 \rightarrow 6CO_2 + 6H_2O$$

減少して魚類をはじめ多くの生物が住みにくくなることを意味する．すなわち工場からの排水が流れ込む河川の漁業が衰退する．また一方この生物学的酸素要求量(biological oxygen demand；BOD)を測定することで排水中の溶存有機物量が測定できることから，この BOD は水中の環境評価の一つとして良く知られている．ただしこの測定には長時間を要することから，簡便には上記の反応を化学的に進めて測定する化学的酸素要求量(chemical oxygen demand ; COD) で代用することも多い．紙パルプ工場からの排水中の溶存有機物は特に漂白排水に含まれるヘミセルロースおよびリグニン分解物に由来する．排水中の溶存有機物を減らす対策としては微生物による生分解を促進する活性汚泥法がもっぱら用いられている．すなわち排水と微生物を多く含む泥に空気を吹き込み有機物の生分解を促すのである．

漂白設備のあるパルプ工場ではこれら SS および溶存有機物に加えて，塩素系毒性物質であるダイオキシンが発生する可能性がある（今日その大半はゴミ焼却場で発生すると考えられている）．ダイオキシンの分析には高度な技術を要するので，通常その濃度に対応する吸収有機ハロゲン（adsorbable organic halogen ; AOX）量を測定してその規制を行っている．この漂白排水の究極的な対策として最近では，排水を一切出さないクローズ化，すなわち水の繰り返し再利用のための研究が進んでいる．

2 大気汚染および悪臭

紙パルプ工場では，主に重油や石炭を燃焼させて工場内で使用するエネルギーを得ている．従ってこれら燃焼時の排煙中の窒素酸化物（nitrogen oxides ; NOx），硫黄酸化物（sulfur oxides ; SOx）およびばい煙が大気を汚染する．特に前二者は光化学スモッグや酸性雨の原因になる．対策としては煙突における排煙脱硫装置（煙中に含まれる硫黄成分を除去する．大型燃焼炉の煙突には設置が義務づけられている）および集塵機の使用に加え，良質燃料の使用，燃

焼工程の良好な管理が望まれる．

　近年化石燃料である重油や石炭以外にプラスチック・紙固形燃料（RPF，相当回数リサイクル使用した古紙と廃プラスチックを混ぜてペレットにした燃料）を燃焼させる炉の使用が増えている．元来石油・石炭・木材をはじめ地球上にあるほぼ全ての有機物は，炭素，水素及び酸素（C, H, O）の3化学元素から成り，いずれも各種材料の原料として，あるいは燃料として利用されている．従って材料として繰り返し使用した後で燃料として再利用することは地球資源の有効利用として大変合理的である．

　クラフトパルプを生産する工場では，さらに蒸解廃液である黒液中に含まれる硫黄化合物，すなわち硫化水素（H_2S），メチルメルカプタン（CH_3SH），硫化メチル（$(CH_3)_2S$），二硫化メチル（$(CH_3)_2S_2$）等が悪臭として問題になる．ただし最近では連続蒸解釜の使用をはじめ，蒸解およびその洗浄系の完全な密閉化，黒液酸化を含む悪臭燃焼設備の設置などでこの問題は大きく改善された．

襖と障子

　マンションなどにはあまり見られないが，和風の家の建具に襖と障子は欠かせない．これらに使われている紙は身のまわりにある紙製品の最たる物の一つである．

　襖には板戸の戸襖もあるが，今日普通は紙襖を意味する．これは平安時代からあったと言われるが，装飾目的，すなわちそこに絵が描けることから伏見・桃山時代から特に発達した．焼け落ちたが織田信長の築いた安土城にあった狩野永徳による襖絵，また現存する国宝二条城二の丸御殿の多くの襖絵は有名である．最近は簡単な構造の襖もあるが，本襖の構造は複雑で，杉材による骨格の上に両面合わせて計18層もの紙を貼り，最後に上貼りである襖紙となる．紙の層が多いことは空気層が多いことでもあり，遮音性や断熱性にも優れるので，襖は江戸時代には一般化した．ここで大量の紙が必要になるが，裏貼りには遮光性や防虫性のある紙以外に反古紙を多く使う．近年襖の修理に際して見つかる反古紙に含まれる古文書から多くの歴史的発見があり，話題になることも多い．またこのプロセスに引っかけた"四畳半襖の下張"のような小説も作られた．一方表の襖紙であるが，これに書画を頼めない庶民は文様の印刷された襖紙を用いた．その高級なものは唐紙（元来は中国から舶来の紙を"からかみ"と称した．中国歴代王朝でも文化的に特に盛大であった唐を冠する用語の一つである）として今も賞用されている．

　一方現在の紙障子は元来明かり障子として，当初今日の書斎にあたる書院の間の窓に取り付けられたようである．書院作りの原

型として，室町将軍足利義政が使用したと伝えられる慈照寺（通称銀閣寺）にある書院，国宝東求堂にその原型がある．現在と違い昔は照明に苦労したようで，自然光を利用できて部屋が明るくなり，それ自体は不透明で白く，かつある程度音も熱も遮断することから，紙障子もやはり江戸時代に広く普及した．縁側は障子，奥は襖の和風建具の基礎パターンがこの時代にできたのである．

第VI章 | *Chapter VI*

紙料の調成

最終紙製品に要求される性質と製造コストを考慮してパルプを選び，あるいは種々のパルプをブレンドした後，洗濯機のような構造のパルパー（56頁図III-12とほぼ同じ）中で離解することで繊維の水懸濁液とする．次いで化学パルプからの抄紙ではその前に叩解処理（beating あるいは refining）を行い，これにさらに填料（fillers）や添加薬剤（additives）を加えたものを紙料（stock）と称する．紙料の調成（stock preparation）は抄紙直前の工程であり，紙の基本的品質特性を決める重要な工程の一つである．

1 | パルプの叩解

紙の性質を決める最も重要な工程の一つで，かつて『紙はビーターで作られる』と称された．文字通り木の棒による叩くことの機械化として発展した叩解機の歴史はビーター（beater）に始まり，コニカルリファイナー（conical refiner），ディスクリファイナー（disk refiner）（図VI-1参照）と続いている．いずれも機械パルプ製造におけるリファイナーと類似の歯形（38頁図III-3参照）

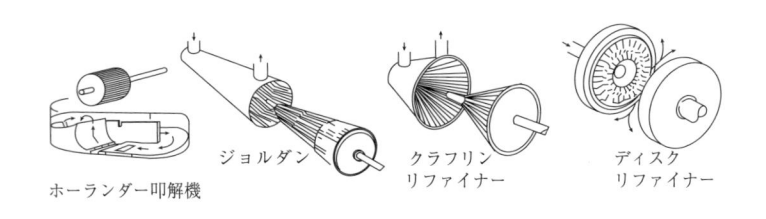

図VI-1 ●各種ビーター概要図

（ホーランダー叩解機／ジョルダン／クラフリンリファイナー／ディスクリファイナー）

があり，図 VI-2 に示すような叩解のメカニズムが考えられている．すなわち歯形にはさまれた繊維においては圧縮とその解放および繊維からの水の排除と再吸収が高速で生じる．この叩解の間に繊維には様々な変化が見られるが，大別すると外部フィブリル化と内部フィブリル化である．前者には繊維薄片や微細物の生成，繊維外部へのフィブリルの突出のほか，繊維の短小化などが含まれる（口絵 1-(a)参照）．後者には繊維内部への水の浸入に伴う膨潤や繊維壁層の一部層状化であるラメラ化などが含まれる．叩解の結果として水中にある繊維は柔軟になり，またその表面およびフィブリル表面にあるヘミセルロースは半溶解状態になると考えられている．化学工学的に見ると，叩解装置およびその操作はいわゆる粉砕工程のそれである．実際筆者は，水でなく非水系溶媒であるトルエンに懸濁したパルプ繊維を叩解したところ短時間に繊維が粉砕されることを観察したことがある．このことで媒体の水が叩解において如何に重要な役割を担っているのかが分かる．

　叩解の程度は，使用する装置，パルプの種類や濃度，叩解条件

第Ⅵ章　紙料の調成　75

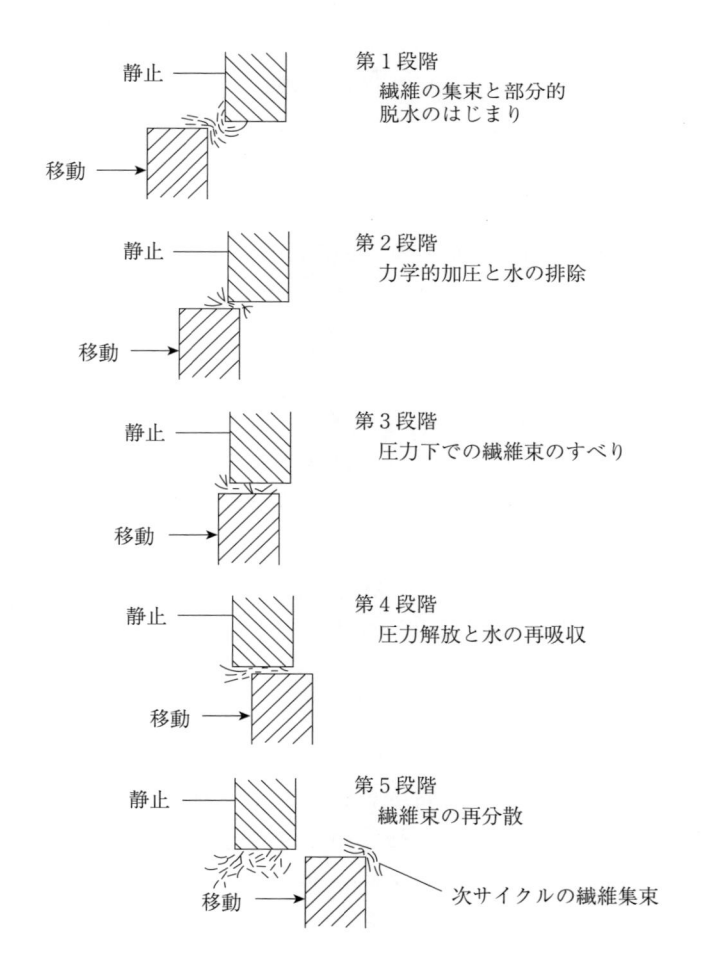

第1段階
　繊維の集束と部分的脱水のはじまり

静止／移動

第2段階
　力学的加圧と水の排除

静止／移動

第3段階
　圧力下での繊維束のすべり

静止／移動

第4段階
　圧力解放と水の再吸収

静止／移動

第5段階
　繊維束の再分散

静止／移動　　次サイクルの繊維集束

図Ⅵ-2●叩解原理図（Smook, G. A., 1982）

などの因子により総合的に決まるもので，その評価法としては紙製造現場でも研究開発においてももっぱら濾水度（フリーネス：freeness）が用いられる（第 III 章 1-4）参照）．特に CSF は現在の主流である軽度な叩解の測定に適しており，叩解程度は通常 CSF 値で評価される．叩解が進むと繊維が柔軟化し，外部フィブリルも発達するので湿シートからの排水速度が遅くなり，CSF（ml）は低下する．濾水度に加えて，特に叩解後の内部フィブリル化を評価する手段として一定時間（15 分）および遠心力（3000 G）下でパルプが保持する水の量，保水度（water retention value : WRV）を測定することもある．

　工業的には図 VI-1 のような装置で叩解されるが，研究段階で主に用いられるのは PFI ミル（PFI mill）である．この装置はノルウェー紙パルプ研究所で開発され，その後実験室的叩解機としては実質上世界的な標準機になった．その特長は再現性に優れることに加え，叩解可能なパルプ濃度が広いこと（3.3 %～20 %，特に高濃度で可能な点が特徴），叩解面における相対速度が変えられること，所要時間が短いことが上げられる．原理は図 VI-3 に示すように短い円筒形の容器（ミルハウス）の内壁とこれと平行して回転する歯付きロールの間で叩解を行う．容器とロールはそれぞれ別のモータで同方向に回転する．これらの間隙調節は極めて重要であり，ネジで行う．容器内壁に通常乾燥重量 30 g（24 g も可），濃度通常 10 % のパルプ（手で握って，軽く絞る程度の湿潤状態）を均一にはりつけ，容器ついでロールの順に回転させる．ロールを内壁側に倒すと，てこの原理で回転中の湿潤パルプ層に荷重（補助おもり付きで 3.4 kgf/cm）がかかり，パルプは強い叩解

第Ⅵ章　紙料の調成　77

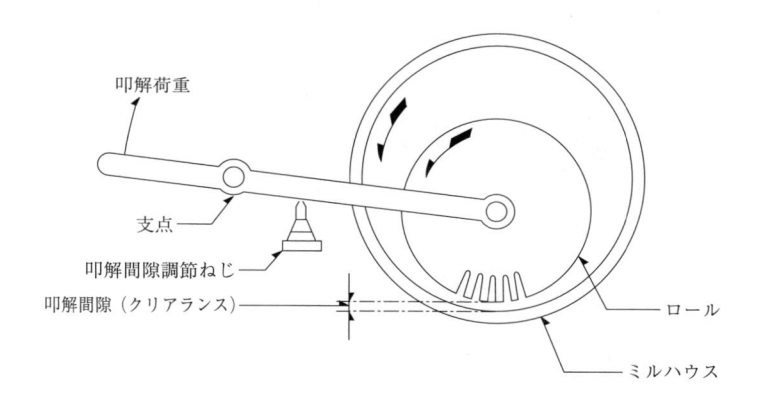

図中ラベル：
- 叩解荷重
- 支点
- 叩解間隙調節ねじ
- 叩解間隙（クリアランス）
- ロール
- ミルハウス

図Ⅵ-3 ● PFI ミル主要部の模式図（平面図）

作用を受ける．

　叩解が進むと結果として紙の性質は大きく変化する．すなわち湿潤時の繊維が柔軟になるので繊維相互の接触，さらには繊維間結合面積が増大するので紙の密度は増大する．また繊維間結合面積の増加は諸強度の増大をもたらすが（第Ⅹ章 3-1)参照)，逆に不透明性や空気透過性は減少する．まさに"紙は叩解すなわちビーターで決まる"と称される所以(ゆえん)である．一方叩解が進むと紙層形成時の排水速度が減少するので，工業的には抄紙速度をできるだけ大きくする必要から叩解を少なくし，代わりに強度を向上させる薬品を添加することも多い．しかし添加薬剤量の増加は，一方で繊維に歩留らなかった薬品が排水中に増大することをも意味し，結果として排水処理の負担が増大することにも注意する必

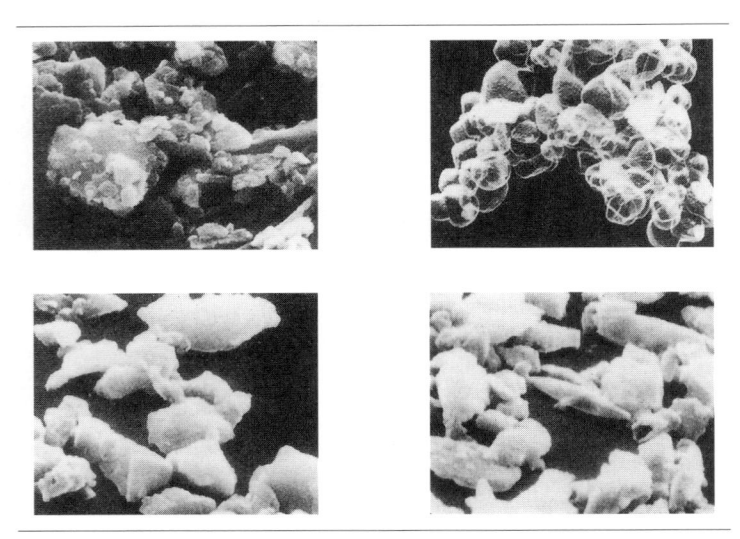

図Ⅵ-4 ●代表的な填料の顕微鏡写真 左上より右下へ：クレー，二酸化チタン，重質炭酸カルシウム，軽質炭酸カルシウム

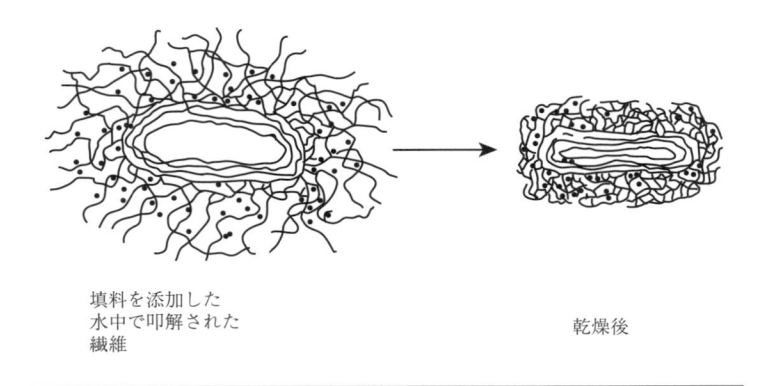

填料を添加した
水中で叩解された
繊維

乾燥後

図Ⅵ-5 ●填料歩留まり模式図（Davidson, R. R., 1966）

表VI-1 ● 填料の粉体物性

	比重	粒子径 (μm)	吸油量 (ml/100g)	比表面積 (m^2/g)	白色度 (%)	屈折率
ホワイトカーボン	1.9〜2.2	0.01〜0.05	50〜300	50〜400	90〜98	1.4〜1.5
尿素樹脂填料	1.45	0.1〜0.3	200〜340	10〜30	96〜98	1.58〜1.65
重質炭酸カルシウム	2.71	0.3〜8.0	19〜22	1.5〜4	70〜90	1.48〜1.65
重質炭酸カルシウム(微粒)	2.6	0.02〜0.08	25〜36	20〜90	＞90	1.49〜1.66
軽質炭酸カルシウム	2.65	0.2〜5.0	42〜45	42〜45	80〜95	1.53〜1.66
クレイ	2.6	0.5〜5.0	30〜60	0.5〜1	80〜90	1.55
タルク	2.7	1.0〜10	31〜35	3〜10	80〜90	1.55
二酸化チタン(ルチル)	4.2	0.3〜0.4	17〜33	8〜20	98	2.71

要がある．従って生産工程をできるだけゼロエミッションにしようとする今日的考えに立てば，物理的処理である叩解は優れたパルプ処理法であり，今後もその重要性は変わらないと考えられる．

2 填料および添加剤

多くの紙はパルプ繊維だけから作られるのではなく，その機能を高めるためや新たな機能を与える目的で叩解処理以外に填料や添加薬剤を抄紙時に加えることが多い．さらにこれらが繊維に良く歩留るための添加剤である歩留り向上剤や抄紙速度を速めるための添加薬剤として濾水性向上剤なども加えられる．填料の多く

は無機質の顔料で（図 VI-4 参照），一方添加薬剤には水溶性高分子が多く，これらに要するコストは平均して製造コスト全体の約1割を占める．添加物の多くは抄紙前の繊維懸濁液に加えるが，添加薬剤では抄紙後の紙に後から添加する場合もある．前者を内部添加略して内添，後者を外部添加略して外添と呼ぶ．

クレー（clay）や炭酸カルシウム（calcium carbonate）で代表される填料は紙の不透明性の向上などの目的で加えられるが，その代表的なものの粉体物性を表 VI-1 に示す．最近中性抄紙（第 X 章 6-1) 参照）が一般的になり，紙用の填料として良質かつ安価であるが中性および弱アルカリ性条件でのみ使用可能な炭酸カルシウムの使用量が増大している．なおこれら粉体を填料に用いる時の平均粒径は約数 μm であるが，顔料として紙の外部加工である塗工（第 VIII 章 2-1)参照）に用いる際のそれは約1桁程度小さい．

填料のような粉体を抄紙時に加える場合主に濾過作用で紙層に留まる．実際懸濁液中の繊維からは多くのフィブリルが突き出ており（口絵 1-(a)参照），粉体がこれらに絡め取られると，紙の乾燥工程でフィブリルが元の繊維表面に収斂するので，填料を添加した紙中における粉体は繊維間とともに繊維表面近くの繊維壁層にも存在すると考えられている（図 VI-5 参照）．一方例えば紙の強度を高める紙力増強剤など水溶性の添加薬剤は主として吸着など界面で働くコロイド的な力により繊維表面に歩留まると考えられてきた．しかし図 VI-6 に示すように，乾燥後の紙中における添加薬剤の繊維壁内深さ方向の分布は予想に反し，表面に偏在するとともに相当量が内部にも存在する．このことはコロイド的にフィブリルに付着した添加薬剤が，填料添加で示した図 VI-5 と

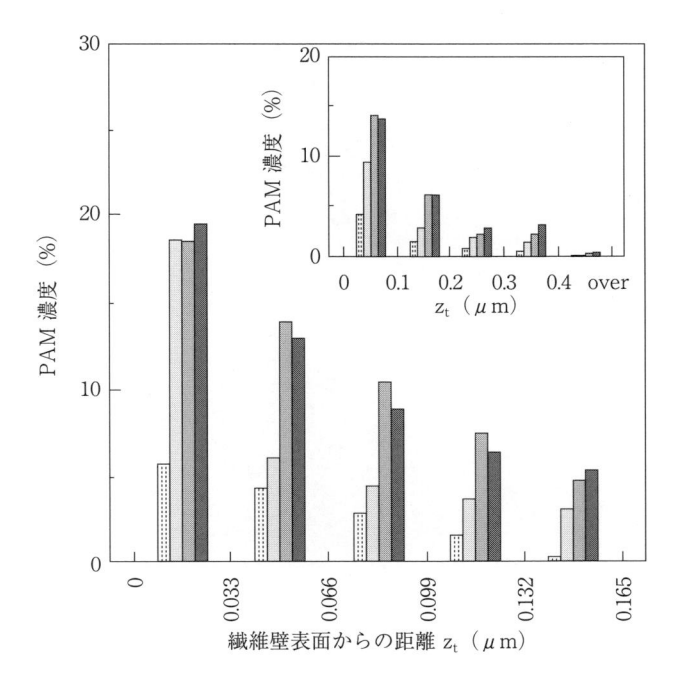

図VI-6 乾燥紙力増強剤（ポリアクリルアミド，PAM）の繊維壁内深さ方向分布（Tatsumi, D., and Yamauchi, T. 1997）
PAM添加レベル：左より 0.5, 1, 2, 3％

同様に，乾燥に伴いフィブリルとともに繊維に収斂したからと考えられる．またインキ等のにじみ止めとしてよく用いられる内添サイズ剤の場合，その多くは懸濁液であり，ここでもおそらく上記のようなフィブリルによるサイズ剤微粒子の取り込みが生じていると考えられる．

　サイズ剤および紙力増強剤に代表される内添薬剤の改良開発，およびその添加法と繊維への歩留り（retention）メカニズムはウェットエンド化学（wet end chemistry）として今日においても製紙科学の重要な一端を担っている．

合成紙騒動

1968年に当時の科学技術庁から"合成紙産業育成に関する勧告"が出された．

当時パルプ原料である木材資源の供給に不安があり，一方石油化学のさらなる発展が期待されたためであった．今から思えば嘘みたいな話であったが，木材パルプによる紙から石油による紙への全面転換といわんばかりの，国から多額の援助を受けた官民一体の合成紙開発競争だったようである．

具体的には，石油製品であるポリマーフィルムにコート層を塗布して，不透明でかつ表面の平滑な印刷用紙とする形式が先行し，その生産も始まったが1973年の石油危機で情勢は一変した．当然撤退が相次ぎ，現在この方法による合成紙は存在しない．

その後強く延伸してフィルム内に空隙を生じさせて不透明にした合成紙が，その水に強い性質などから雨天用のポスターなど特殊用途用に細々と生産を続けている程度である．また合成紙ではないが，ポリエチレンをフィブリル化したような合成パルプも同時期に開発された．やはり同じような特殊用途向けになんとか生産を続けている．国はその後も同様のプロジェクト方式で産業の育成を計っているが，成功した例はあまり聞かない．

この例のように事前の調査が不十分で，海外の研究動向を後追いする恰好で種々のプロジェクト事業が引き続きなされていることを危惧する．成果を検証して，実用化しなかったのなら何故かを吟味反省しないと，いつまでも無駄金使いになってしまう．税金の使い道が議論されている昨今，納税者もその成果まで検証することが望まれているようである．

第Ⅶ章 | *Chapter VII*

抄紙工程

　調合の終わった紙料を網で抄きあげて脱水する工程が抄紙工程 (papermaking) である．当然工業的には機械化されておりその主要な抄紙装置以外に，抄紙直前の紙料の最終調整装置や紙の乾燥装置，さらには抄紙・乾燥後の紙表面の平滑性を向上させ光沢をつけるカレンダー (calender) や紙巻き取り装置なども含まれる（図Ⅶ-1参照）．これら一連の抄紙工程の前半，特に始めの部分をウェットエンド (wet end)，後半をドライエンド (dry end) と呼ぶ．

1 | 抄紙の原理

　繊維懸濁液の脱水過程は図Ⅶ-2のような両極端なケースを元に考えられている．希薄な繊維懸濁液における脱水過程は濾過プロセスであり，繊維が相互に絡み合うことなく沈降して網の上に層状に繊維が並ぶ．一方かなり濃厚な繊維懸濁液では脱水過程は濃縮プロセスであり，繊維相互が絡み合いその固まりであるフロックの離合集散を経て抄網上に沈着するので，多くの繊維は網

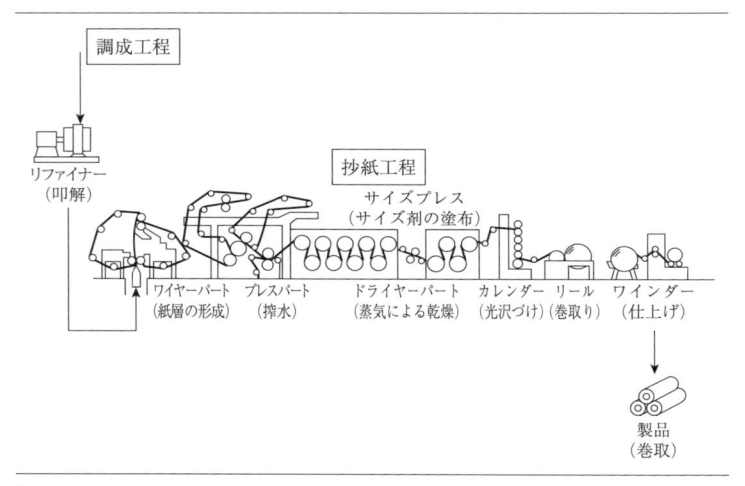

図Ⅶ-1 ● 抄紙全工程概要図

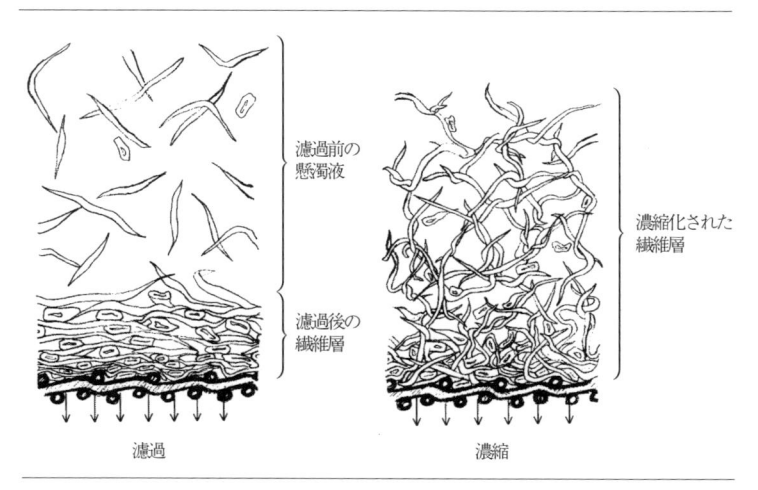

図Ⅶ-2 ● 紙層形成モデル図 (Parker J. D. 1972)

に対して平行でかつ層状であるが，網に対して種々の角度を有する繊維もかなり見られる．前者による繊維集積構造は層状構造（layered structure），後者のそれはフェルト構造（felted structure）と呼ばれる．現在行われている実際の抄紙工程における繊維濃度は約1％（どろどろの粥状）であり，そこでの紙料の脱水過程では繊維相互の絡み合いによるフロックの形成・消失はよく見られるが，完成した紙構造はほぼ完全な層状を呈する（122頁図IX-4参照）．

2 長網抄紙機と円網抄紙機

現在用いられる抄紙機の多くは端のない帯状の金網あるいはプラスチック網を連続的に動かしながらその上に紙料を流して脱水する長網抄紙機（Fourdrinier machines）であり，その原型は19世紀初頭に開発された．その後幾多の改善，改良の結果現在では抄速2000 m/分（120 km/h），抄紙幅10 m の機械も登場したが，この間基本的装置に大きな変化は見られない（図VII-3参照）．

まず，繊維濃度を抄紙機の幅方向にも均一かつ一定するべく工夫されたヘッドボックス（図VII-4参照）先端のスライスから長網上に均一に吐出された紙料は，網を通じて脱水されて，固形分濃度8％程度の湿紙が形成される．さらなる脱水には差圧が必要であり，今ではマイルドな減圧が時間的により長く続くハイドロフォイル（hydrofoil 図VII-5, 6参照）減圧装置が多用される．なお紙の進行方向を MD（machine direction）それに直角方向を CD

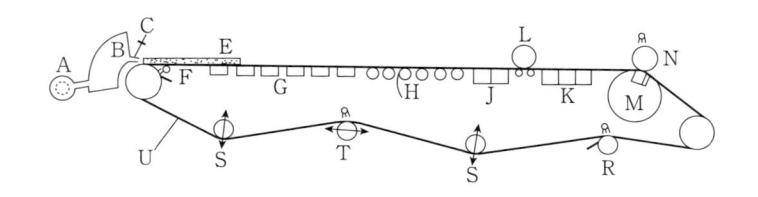

図VII-3 ●長網抄紙機概要図（Smook, G. A. 1982）
　　　A：テーパー付き紙料送り分岐管，B：ヘッドボックス，C：調節式スライス，D：ブレストロール，E：ゴム製デックル（低速抄紙機のみ），F：フォーミングボード，G：ハイドロフォイル，H：テーブルロール，J：バキュームボックス（ウェットサクションボックス），K：バキュームボックス，L：ダンディロール，M：サクションクーチロール，N：ランプブレーカロール，P：ワイヤターニングロール，駆動ロール，R：ウォータースプレーとドクター付きターニングロール，S：ワイヤ調節用ストレッチロール，T：ガイドロール，U：フォーミングファブリック（ワイヤ）．

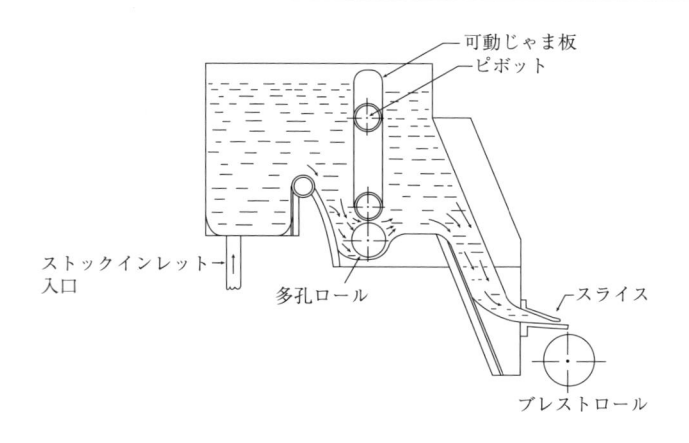

図VII-4 ●ヘッドボックス断面図

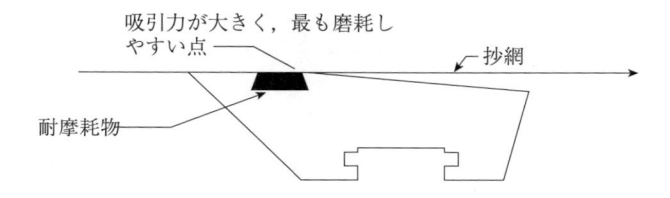

VII-5 ●ハイドロフォイル

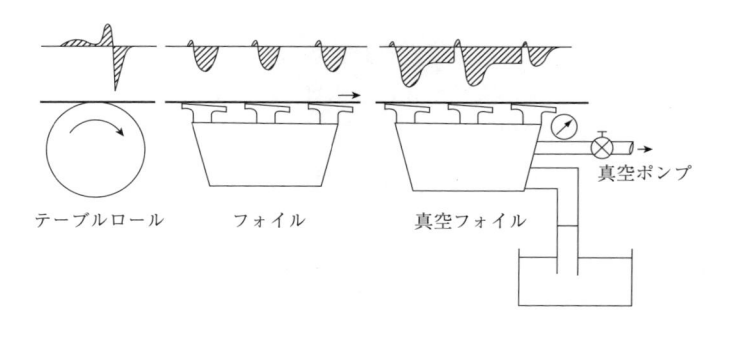

図VII-6 ●脱水3方式(テーブルロール,ハイドロフォイル,吸引付きハイドロフォイル)での吸引力分布

(cross machine direction) と呼ぶ．

　次いで網から離れた湿紙はフェルトに乗ってプレスに運ばれる．プレスに伴う繊維同士の良接触は乾燥時に生じる繊維間結合の発達を助長して紙の密度を増大し，かつ紙表面を平滑にする．一般にこのプレス工程の間でできるだけ水を除去するのであるが，図 VII-7 のようなロールプレスを用いた場合では，湿紙がそこを通る間に圧搾され，特にプレス前半で脱水される．このロールプレスではプレス後半で水の再吸収が起きやすいので，脱水した水をロールの中に真空吸引したり，ロールに溝を付けて脱水した水を誘導するなどの工夫もされている．ドライヤによる蒸発乾燥よりもプレスによる水分除去の方が一般にエネルギー的に有利であるが，極端な加圧は紙層の砕けを招くので適度な圧力でより長い時間プレスを行うのが好ましい．そこで最近では図 VII-8 のようなシュープレスの導入が盛んである．抄紙全工程での脱水状態のプロフィルを図 VII-9 に示すが，抄紙の最初の過程でのそれが最も大きく，プレス以後のそれはかなり小さくなる．

　抄網系やプレスから排出される水は，微細繊維や填料および気泡を含むので白く濁り，白水（white water）と呼ばれる．これらを回収・除去した水は繰り返し使用される．

　プレスを出て乾燥工程に入る直前における湿紙の固形濃度は約 40 % であり，湿紙中には未だ多くの自由水（free water，液体として自由に動ける水）が存在する．乾燥工程での加熱に伴い繊維間あるいはフィブリル間の水が蒸発する際，それらは水の界面張力で引き寄せられ，これが繊維間結合の形成につながる．加熱方式としては通常蒸気で加熱したシリンダーに連続的に湿紙を巻き付

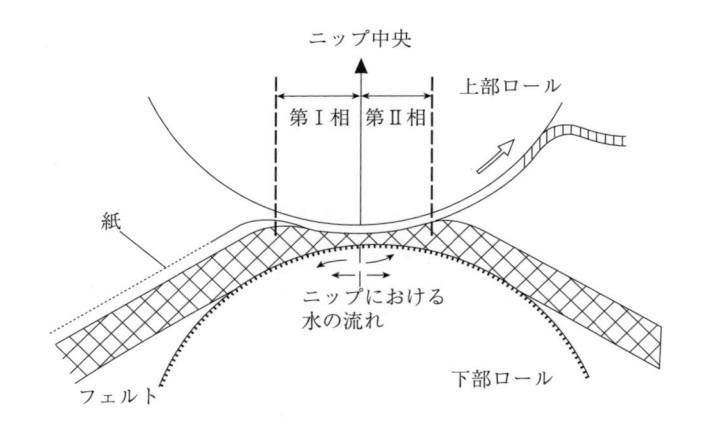

図Ⅶ-7 ●ロールプレス

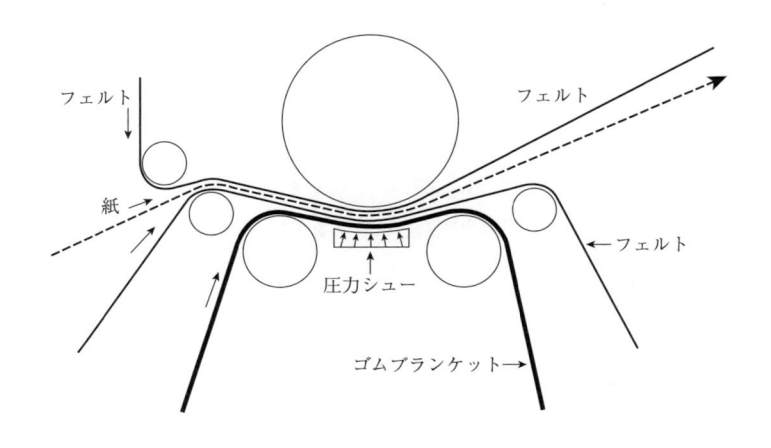

図Ⅶ-8 ●シュープレス

水分量
水/繊維

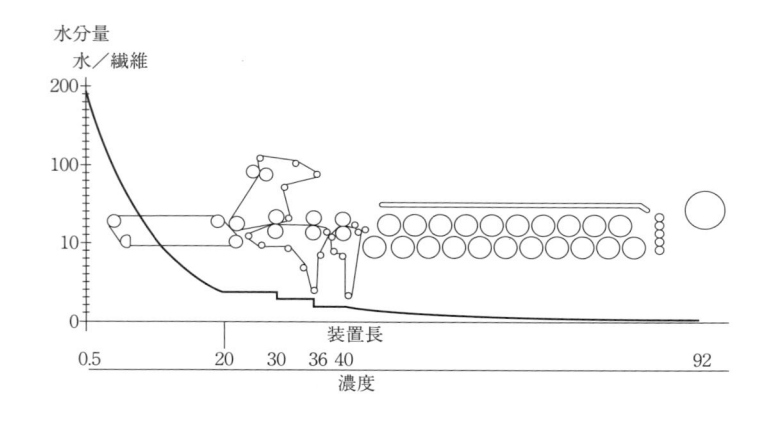

図VII-9 ●長網抄紙での脱水プロファイル

ける．乾燥シリンダーは数本で単位を作り，これらを多く連ねた多筒式乾燥が一般であるが（図VII-1参照），薄い紙やティシュなどの乾燥では大型のシリンダー1本だけ乾燥を行う場合もあり，これをヤンキードライヤー（図VII-10右上参照）と呼んでいる．なお乾燥中の紙には均一に張力が掛けられ，乾燥に伴う紙の収縮やしわ，さらには最終使用中における紙の吸・脱湿に伴う寸法変化を防止する．しかし最近の抄紙は抄速1000 m/分（60 km/h）程度が普通であり，繊維間結合が十分発達していない状態での過度の張力は，紙切れと称する紙の破断を招く．これが生じると紙の生産効率を著しく落とすので，抄紙走行安定性（runnability）として操業上非常に重要であることから，破壊靱性（第X章3-1）参照）と関連づけて検討されている．

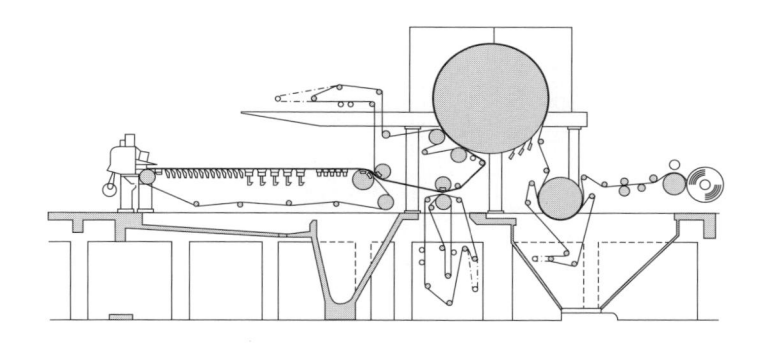

図VII-10 ●ティシュ用ヤンキーマシン

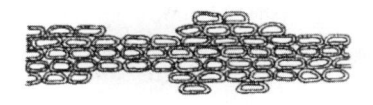

カレンダー掛け前の紙

金属ロール
金属ロール
ハードニップ

弾性ロール
金属ロール
ソフトニップ

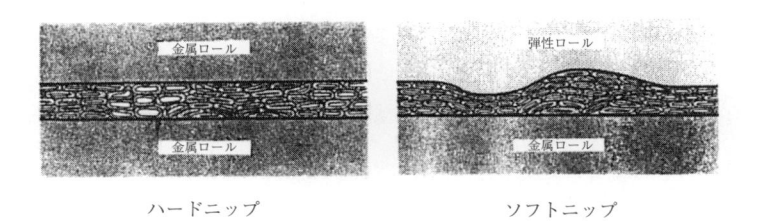

図VII-11 ●カレンダーにおけるハードニップおよびソフトニップ（Smook, G. A. 1982）

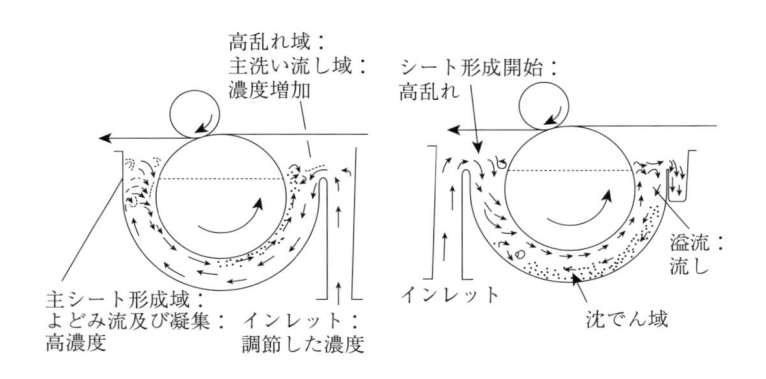

図Ⅶ-12 ●円網抄紙機概要図

その後多くの紙では，紙の密度をさらに上げ，かつ厚さの均一性の向上と表面をより平滑にして光沢を与える目的で，圧力のかかった数組の金属あるいはゴムロールから成るカレンダー（calender）に紙を通す（図 VII-1 参照）．すなわち紙は回転するいくつかのロール面に沿って送られ，かつ紙を介してロール群に圧力がかかるので紙表面には艶が掛かる．

ハードニップ（hard nip）と称される鋼製のロールのみでカレンダーがけを行うと図 VII-11 に示すように，繊維層数が多い部分にのみ圧力が掛かることで厚さが均一になり坪量変動は密度変動に変わる．他方ソフトニップ（soft nip）と称されるゴムあるいは圧縮された紙によるロールと鋼製ロールでカレンダーがけを行うと，圧力は比較的均一にかかるので部分的な繊維層数の差すなわち坪量変動は，密度変動よりむしろ厚さ変動として現れる．

他の抄紙様式として，円筒状の金網を紙料の入った槽に入れて抄造する円網抄紙機（cylinder-vat machines 図VII-12参照）があり，紙料の分散媒である水が円筒内に流入することで円筒外周にある金網上に湿紙が形成される．長網抄紙機と比べると，円網抄紙の抄速は非常に遅いが，装置が大変コンパクトなので，多くの槽を連ねることが可能であり，それぞれの湿紙を重ね合わせる抄き合わせを行うことで，板紙などの厚物の紙を抄紙する時に使用される．

3 抄紙のツイン化および多層化

従来の長網抄紙における水の流れは，全て網を通じての垂直な流れ1方向だけである．そのため網に接した紙層においては，微細繊維や填料はかなり流出してそこでの構造は比較的疎いが，一方反対側ではこれらはほとんど流出することなく紙層に留まり，結果としてより緻密な構造になる．前者は網に接するのでワイヤー側と呼ばれ紙表面は粗い．後者はプレス工程以後ではフェルトに接するのでフェルト側と呼ばれ，その表面は比較的平滑である．これらの両面間の構造・密度差，およびそれに基づく性質の差異は紙の両面性（two-sidedness）と言われ，両面印刷時の印刷仕上がりの差異や，紙のカールなどのトラブルの原因になる．このような問題の解決には，その原因である両面での構造の差異をなくす必要があり，両面から脱水する様々なツインワイヤー抄紙機が開発された（図VII-1の紙層形成部参照）．また従来の長網抄紙

機でもワイヤー上面からの脱水機構を追加するオントップ方式の導入が盛んに行われた（図 VII-13 参照）．

　長網抄紙機で板紙のような厚紙を抄紙する場合，抄き合わせと称して，比較的薄い紙を抄紙して後湿った状態でそれらを多数層重ねあわせる．この際厚紙内部に古紙系列の低質原料から成る紙層を，外側に良質の原料からの紙層にすることも多い．すなわち紙層内部はただ"かさ"あるいは"スペーサー"としてのみの役割だけが必要であるが，表層は良好な印刷適性等も要求される．またこの多層抄紙を一度の抄紙で行う技術も開発された．すなわち紙料を網に吐出するヘッドボックスからの紙料吐出ノズルを複数重ねる方式であり，抄き合わせ方式と比較して，異なる紙料を用いた際の紙層間の接着性は良好とされる．

4 コンソリゼーション

　抄紙における紙層形成，プレス，乾燥を通じて紙ができる全過程を総称してコンソリゼーション（consolidation）と言う．この間に種々のレベルで紙の構造が出来上がっていき，それが紙の諸性質の発展と大いに関連する．また抄紙工程でしばしば行われる添加剤の添加（第 VI 章-2 参照）や抄紙工程を利用する紙加工を考察するには，このコンソリゼーション過程をよく理解することが不可欠である．口絵 1 はかなり叩解した（CSF170 ml）針葉樹クラフトパルプを用いて実験室的に作成した紙について，抄紙各過程で凍結乾燥した後，その断面を走査型電子顕微鏡で観察した写真

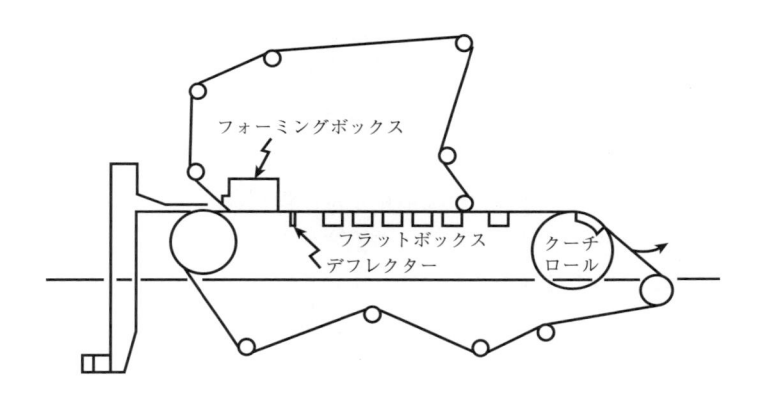

図VII-13 ●長網オントップ方式ツイン抄紙機

である．叩解に伴うフィブリル化や抄紙過程で生じる紙の構造およびフィブリルの状態の変化が如実に示される．すなわち，重力まかせで網を通す脱水の直後（繊維濃度8％）の様相として，まず叩解処理のために表面から多くの外部フィブリルがひげ状に吐出た繊維は，一方ですでにそのルーメンを失って偏平状態であり，繊維全体としては紙面にほぼ平行に沈着している．プレス後（繊維濃度40％）では紙表面のフィブリルは繊維表面に収斂しているが紙層内のそれは繊維間を橋架けるように存在し，一方偏平化した繊維断面は全て紙面に平行であり層状構造の完成を示している．界面張力の大きい水が乾燥過程で移動および脱水する祭に生じる毛管力は非常に大きく，それが繊維間にある橋かけ状態のフィブリルや叩解で柔軟化した繊維に働く．その結果乾燥後で

は紙層内部における繊維間のフィブリルも全て繊維表面に収斂し，かつ繊維同士の重なりが密になって，この間に繊維間結合が良く発達したことが推定できる（25頁図II-10参照）．結果として湿潤状態では柔軟な繊維，特に叩解で顕著に柔軟化した繊維ほど乾燥後にはむしろより剛直になることに留意する必要がある．またすでに述べたように抄紙における水の役割は大変大きい．例えば紙料を非水系溶媒に置換して抄紙すると化学的には水素結合である繊維間結合はほとんど発達せず，アルコールのような水に親和性のある溶媒を用いても繊維間結合の発達は半減する．

自分で紙をつくろう

　毎年春になると，必ずと言ってよいほど自分で製作した卒業証書云々の話題がテレビで放映される．自分で紙を作るのは難しいのであろうか？ 道具やパルプはどうするのかといった疑問が浮かぶであろう．答えは，凝るのでなければ，また少しのムラを気にしなければ簡単に作れます．手紙大なら文房具屋さんで紙抄きセットとして枠付きの抄網等を販売していることもあるが，自分で四角（用途によっては三角でも構わない，紙の端は切り落とすので大きめ）の木枠を2組作り，1組に防虫網を張り付け，最後に2組が容易に着脱できるように蝶番か何かを付ければ良いのである．いずれの材料もホームセンターで売っているし，家の中を探せば端切れの木や網が残っていることも多い．枠の高さは，流し抄き的な抄紙法なら数 cm で良いが，溜め抄き的な抄紙法なら網のない方の組は高い方が良い，しかし大きな物は取り扱い難いので 10cm あるいは 20cm だろうか．また後者では水圧により枠が壊れやすいので補強が必要だろう．さらに枠の継ぎ目はビニールテープで止めれば水漏れはほぼ防げる．なお抄紙全工程を通じて取り扱いが容易なことから，文房具屋で入手できるのは枠高さが低い．

　パルプはどんな植物からでも作れる．たまにアジサイから紙を作ったとかで騒がれるが，どんな植物また部位でも繊維を含んでおり，収率は低いが苛性ソーダや炭酸ソーダの水溶液で炊くことでパルプ繊維を取ることができる．また長時間の労力を要するが割り箸を濡らしながら砥石で擦ることでもパルプ繊維は取れる．

筆者は試みたことがないが，分類上和紙原料のガンピと同じ科に属する沈丁花の樹皮は厚く，良質の繊維がかなりよく取れると思われる．ただし前者の方法では薬品購入とともに廃液の中和処理も必要なので，パルプは身の周りの紙製品から採集するのが手っ取り早い．新聞紙でも良いが，白い紙を希望するならミルクカートン（牛乳パック）の外側のフィルム層を除外した紙層を勧める．食品衛生法で蛍光剤含量が厳しく規制されているので，食品用途の紙はバージンパルプ100%の紙，通常ミルクカートン用の紙では晒した良質の針葉樹クラフトパルプが多用されるからである．

　このフィルム層除去パルプは一晩水に漬けた後，家庭用のミキサー等で攪拌する（すでに述べたように不純物のないきれいなパルプなので，水洗いするだけで再び家庭用に使用できる）．このようにしてできた繊維懸濁液を大きなたらいか何かに入れ，流し抄き的に抄くなら，上記の蝶番で固定した2組の木枠で掬う．水が網から抜けて繊維層である湿紙が網上に残る．蝶番をはずして，抄網から紙を剥ぎ取り，ろ紙か何かにはさんで絞ってさらに脱水した後，金属板のような平滑な板上に張り付けて乾燥すれば出来上がりである．かさ高い紙が必要なら水絞りの工程は省略できる．ただしこの流し抄き的なやり方ならできた紙は薄いので（繊維懸濁液濃度が低い程薄い），厚い紙を作るなら，湿紙を何枚も作って重ね合わせて（抄き合わせて）後絞ってから乾燥すれば良い．この時湿紙の間に綺麗なモミジの葉などを入れると味のある紙になる（抄き入れ）．一方溜抄き的にするなら，たらいの底に置いた木枠内に繊維懸濁液を十分入れて後木枠を持ち上げると底の網から水が抜けるので，やはり網上に湿紙ができる．この後は同じである．

紙のすかし

　紙を透かし見た時に見える濃淡（白黒）で表される文字や文様が"すかし"である．紙幣の偽造防止，紙製造者〔所〕の識別や工芸目的で発達した．大別すると文字や絵柄が他の部分より透けて見える白すかしと逆の黒すかしに大別できる．

　前者では抄網に細かい針金や網で文様を縫いつけて抄紙し，その部分の繊維量を少なくして光透過量を増大させるウオーターマーク法，また文様部分を金属板などで置き換えてその部分を完全な素抜けとして抄紙しさらに文様を付けないで抄紙した湿紙を両側から挟むように重ね合わせ（抄き合わせ）る別種のウオーターマーク法，さらに抄紙後の紙に文様相当部分だけ高圧をかけて密度を高めることで透明性を上げるプレスマーク法が知られている．他に文様部分に透明化剤を印刷するなどの技法もあるが，ややぼやけたすかしになるであろう．

　黒すかしは白すかしと逆で，文様以外の部分で上記と同様にすれば良い．この技術は工房の識別や美術的な関心が高かったのかヨーロッパでは発達したが，日本の和紙ではあまり見られず，また，現在もニセ札防止のため法律で規制されている．しかし"自分で紙をつくろう"で述べた抄網に上記のような工夫することで比較的簡単にできる技術である．

第Ⅷ章 | *Chapter VIII*

紙の加工

　紙はその機能を高めたり，あるいは本来存在しない機能を付与するために複合・加工することが多い．基本的に紙は繊維の集合体であるので，その表面および内部に多くの空隙があり，これらを利用する加工（conversion）が大半である．大別すると内部加工および外部加工がある．前者は紙料に薬剤や填料を加えて抄紙する方法で，内添（第Ⅵ章2参照）の別称でもあり，紙層全般にほぼ均一な加工である．一方後者は外添で，完成した紙に対して行う加工であり，生じた効果は紙層の外側に限定される場合が多い．

1 | 内部加工：

　すでに述べたように，叩解処理によって繊維間結合が発達して，紙の強度的性質は向上するが，同時に不透明性が低下するなど概して好ましくない影響も生じる．そこで現在では，抄紙時の添加物で所望の性質を得る傾向にある．よく用いられる添加剤には，強度的性質全般の向上を目的とする紙力増強剤としてデンプ

ン (starches) やポリアクリルアミド樹脂 (polyacrylamide resins PAM), インキのにじみ防止すなわちインキや水の浸透に対する抵抗性を付与するサイズ剤 (sizing agents) などがある. また添加される顔料としては不透明性や鉛筆筆記性の向上等の目的でクレーや炭酸カルシウムなどがよく用いられる (78 頁図 VI-4 および 79 頁表 VI-1 参照).

2 外部加工：

紙の使用は平面的な使用, すなわちその表面を利用することが多いこともあり, 紙加工法の大半は以下に述べる塗工 (コーティング, coating), タブサイズ (tub-sizing), 積層 (ラミネーション, lamination), 含浸 (impregnation) に加え, 塩化亜鉛 (Zinc chloride) 水溶液で紙を半溶解する処理であるバルカナイズ処理 (vulcanized) に代表される化学変成などの外部加工である.

1) 塗工

現在社会は印刷にもより高度な仕上がりを望むようになり, このため紙表面のさらなる平滑化を必要とした. すなわち紙表面にインキを吸収する多数の細かい空隙があり, かつ表面が平滑なほど綺麗な印刷ができるので, 繊維より寸法がはるかに小さい顔料を紙表面に塗被することが考えられた. 下地である紙の上に塗ることで作られた顔料層の表面は, 紙表面よりはるかに平滑でしか

も顔料間に多くの空隙が発達するからである．クレーを主とする顔料とデンプンあるいはラテックス（latex）のような結合剤（binder）を水に分散させた塗料（coating color）を連続的に紙表面に塗り乾燥させて顔料塗工層を作る技術は 20 世紀のかなり早い時期から発達した．しかし無機鉱物である顔料の比重は繊維のそれの倍以上あり，顔料塗工紙は大変重くなる．そのため軽くかつ表面の平滑性は向上させた塗工紙として，当初軽さが特別要求される航空郵便用の紙の塗工目的で開発された中空の球形高分子顔料も使用されるが，一方でできるだけ紙表面の窪みを埋める程度に塗工量を極少量にした軽量塗工紙や微塗工紙が近年特に発達した．図 VIII-1 は塗工前の原紙，顔料塗工および微塗工紙の表面電子顕微鏡写真である．顔料塗工紙の表面は顔料層で覆われるが，他方微塗工紙の表面では一部繊維が露出するとともに繊維間の窪みを埋めた顔料の様相が認められる．情報用紙以外にも駅の自動改札用切符に用いる磁性粉末を塗工した磁性紙，種々の感光剤を多層塗工したカラー印画紙，マイクロカプセルを塗料に含むノーカーボン紙など，様々な機能性を持たせた粉粒体を表面に塗被することで特殊な機能を付与された塗工による加工紙は大変多い（123 頁図 IX-5 参照）．

　現在我々が使用する印刷・情報用紙の半分以上は塗工紙と考えられ，塗工は紙加工の中でも飛び抜けて生産量が多い．従ってその製造技術は高度に発達し，一度塗布した後に刃で余分の塗料を掻き取るブレードコータ（blade coater 図 VIII-2 参照），高速空気流で掻き取るエアーナイフコータ（air-knife coater），さらには塗料をロールに一度付着してこのロールを介して紙に塗るロールコータ

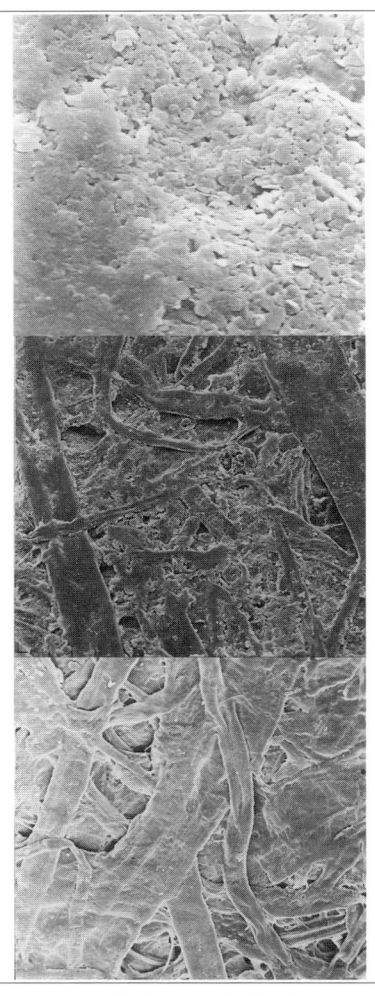

図Ⅷ-1 ●塗工紙表面：上から顔料塗工紙，微塗工紙，および塗工原紙
（山内龍男，1980）

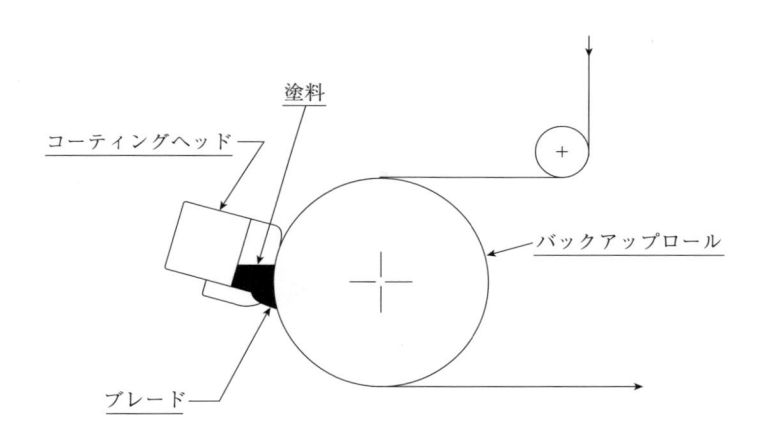

図Ⅷ-2 ● ブレードコーター概要図

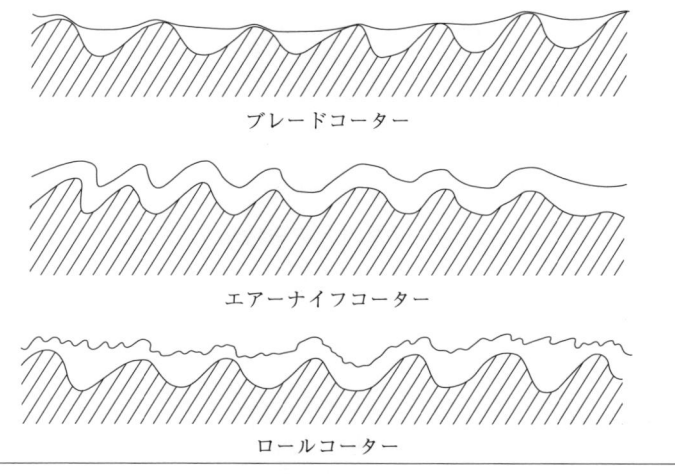

図Ⅷ-3 ● 各種コーターによる塗工状態の模式図 (Smook, G. A. 1982)

(roll coater) など種々のタイプの塗工様式が開発されてきた。図VIII-3 はこれら3方式による塗工状態の差を示すが，紙の表面くぼみを埋めるにはブレードコーターが最適であり，現在ではこの塗工様式が主流である．

2) タブサイズ

抄紙機の乾燥部分の適当な場所（86頁図VII-1 ドライヤーパートの中頃）に，図VIII-4のようなゲートロール型サイズプレスあるいはタブサイズ槽を設け，水溶液にした薬剤を紙の表層に連続的に添加する加工法である．デンプンなどの紙力増強剤を表面剥離強度の向上のため，あるいはサイズ剤を表面サイズ性の向上のため加工する際などによく利用される紙加工方式である．

3) 積層

印刷適性に優れているので包装分野での紙の使用は極めて多いが，牛乳パック（milk carton）など食品（特に液状物）の包装に紙を使用するにはさらに高度なバリアー性が不可欠である．紙は元来多孔性なのでバリアー性を高めるには接着剤を介してポリマーフィルムや金属箔との貼り合わせ，すなわち積層が必要になる．使用するポリマーは主にポリエチレンやポリプロピレン（特に2軸延伸したそれ）であるが，特殊フィルムとしてポリ塩化ビニリデンなども使用する．また溶融したホットメルト接着剤やポリエチレンを，それが固化する前に紙に塗るようにして貼り合わせる

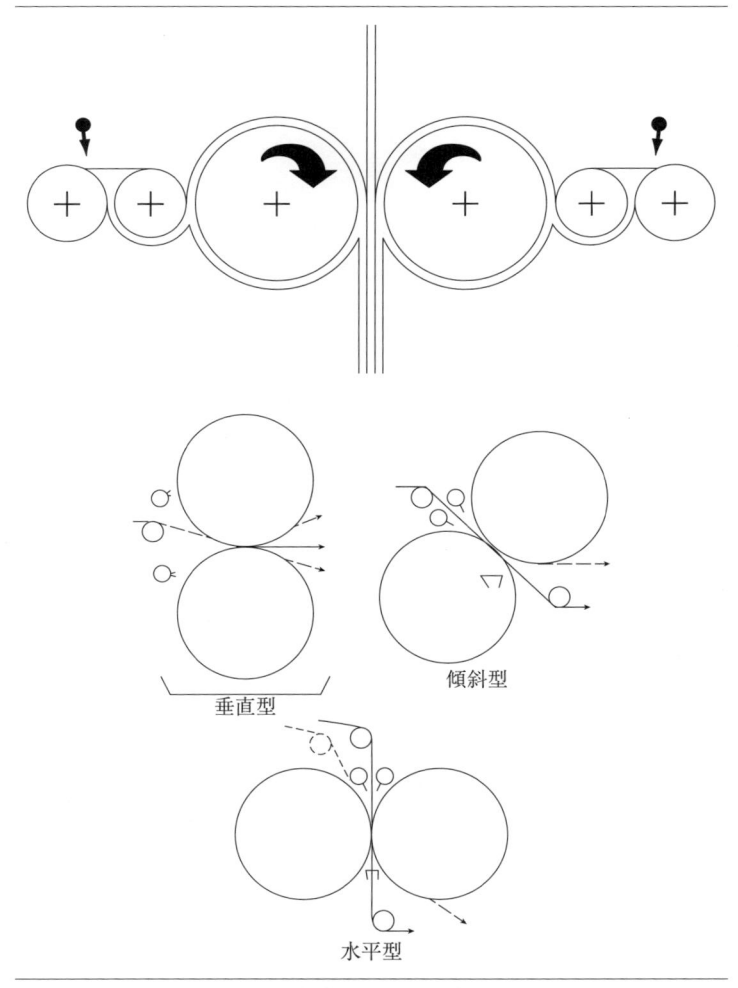

図Ⅷ-4 ●代表的サイズプレス機概要図：（上）ゲートロール方式および（下）各種タブサイズ方式

エクストリュージョンコーティング（extrusion coating）も同様の目的で用いられる．

4） 含浸

紙は多孔性なので液体を容易に吸収する．この特性を利用し，種々の機能を有する液体を含浸，次いでそれを固化することで紙の空隙中に薬剤や高分子を収蔵して新たな機能を付与することもできる．例えばゴム微粒子の水懸濁液であるラテックスは濃度が高くても粘度は低いので容易に紙に含浸し，それを乾燥した後の紙は多量のゴムを均一に含む複合体になる（123頁図IX-5参照）．これは皮革状の物性を有した疑革材やパッキングとして用いられる．その他フェノール樹脂，ワックスや防錆剤など用途に応じていろんな薬品を含浸した加工紙がある．

3 段ボール加工

上記の紙加工とはやや趣が異なるが，包装用途に大量に利用されている段ボール（corrugated board）も紙加工によるものの一種である．

段ボールは表面の平らなライナー（liner）と波型の中芯原紙（corrugated medium）とからなる．前者にはクラフトパルプ主体のKライナーと古紙パルプからなるジュートライナーがある．段ボールの構造は，図VIII-5に示すようにライナーに中芯紙を貼

第Ⅷ章 紙の加工　111

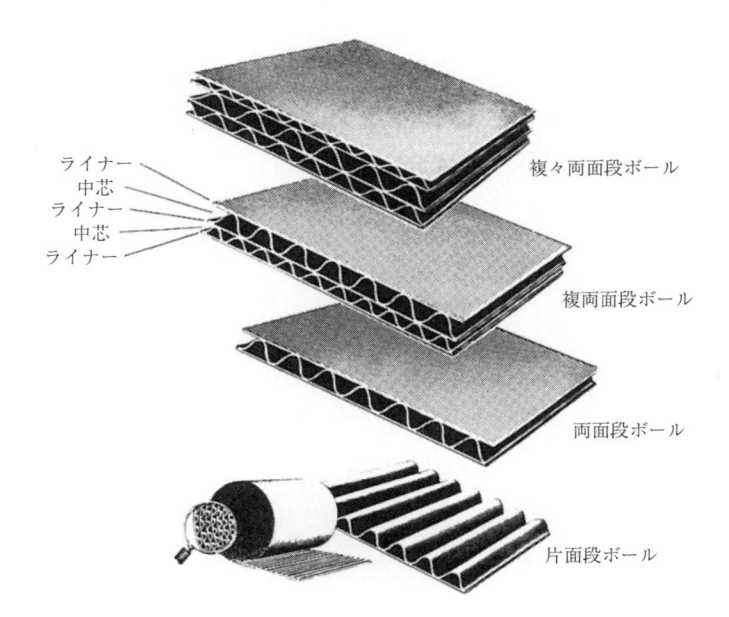

図Ⅷ-5 ● 各種段ボール （Smook G. A 1982）

り合わせただけの片面段ボール（single face）から，4枚のライナーと3段の中芯紙から成る3層の複々両面段ボール（triple wall board）まであり，用途に応じて使い分ける．なお特殊用途には5層合わせも作られる．段ボールの製造は，2本の歯車が嚙み合う形で紙に波形を与えるコルゲータ（corrugator）を用いて中芯原紙を作り，同時にその山の部分に接着剤を付けてライナーと貼り合わせる．この波形をフルート（flute）と呼び，波の高さと幅によってAからEまでの区分がある．防水性を高めた段ボール箱や，最近の宅配便の発達から保冷効果を持たしたような機能性段ボールも多く開発されている．

製紙技術の東遷，西遷

　中国で開発された抄紙技術は，絹糸を作る養蚕技術とともに国家機密とされていた．しかし東方である朝鮮や日本へは容易に伝わった．

　抄紙技術の一応の完成を見た 2 世紀初等頃の漢は強大な先進国であり（その威光を反映して，当時使用されていた文字が漢字として現在に至る東アジア圏の標準文字になった），その文化は次第に朝鮮半島の楽浪郡などの植民地へも浸透した．その頃すでに日本人（特に日本海側の人）と朝鮮半島の人とは交流があり，また少し時代は下がるがその頃倭と称した日本の王朝は朝貢的に中国王朝と付き合ってきた．すなわち中国から見れば古くから朝鮮や日本は広い意味で自分のテリトリーであり，文化や技術移転に神経を尖らすことはなかったと考えられる．また王朝が代わる際に生じる戦乱を避けて中国から直接日本に来た技術者も存在したであろう．

　日本で製紙が始まったのは公式には推古天皇の時代 7 世紀初頭とされているが，上に述べたような事情で実際にはかなり以前に伝わっていたと考えられている．

　一方製紙技術の西への伝搬は遅かった．紙そのものは早くから西方に伝わったが，唐の時代になっても製紙技術はまだであった．

　この時代西方はイスラム圏のサラセン帝国になり，両国が中央アジアで勢力拡大に努めた結果，751 年トルキスタンのタラス河を挟んだ決戦になった．この戦いで唐は負け，多くの将兵が捕虜

になったが，彼らの中に製紙技術者が居たのである．製紙技術を学んだアラビア人がサマルカンドで最初に製紙工場を作ったのは757年のこととされる．その後アラビア半島からアフリカ北岸を経由して，すなわちイスラム圏に沿ってジブラルタル海峡を渡ってヨーロッパにたどり着いたのが12世紀半ばとされる．その後16世紀半ばまでには手抄きの製紙技術はヨーロッパ全土に広まった．

第Ⅸ章 | *Chapter IX*

紙の基本的特性値とその構造

1 | 基本的特性値

1) 坪量

　紙のような平面材料における基本量として，面積あたりの質量（紙の場合通常 g/m²）を坪量（basis weight）と呼ぶ．また商取引では規定サイズおよび枚数の紙 1 連の質量を連量と称し，ほぼ同義で使用することも多い．平面材料の物性の多くが坪量で左右されるので大変大事な数値である．

　強度的性質をはじめ紙材料の性質を検討する場合，例えば紙面に平行な方向の引張強度を学術的に検討するには応力を用いる必要があるが，応力計算に不可欠な厚さの値およびその測定法には以下に述べるように多くの問題点がある．他方坪量と強度はほぼ正比例の関係を示すことから，いわば厚さの代用として，紙の諸強度を坪量で規格化して検討される場合が多い（第Ⅹ章 3-1) 参照）．一方厚さ方向の物性に与える坪量の影響は極めて大きく，かつ関係は非線形である．すなわち坪量が小さくとも紙面方向の

紙構造の基本である繊維のネットワーク構造（network structure）は同じであるが，他方厚さ方向の構造である層状的構造（layered structure）は，坪量が小さいと十分に発達していないので厚さ方向の物性は坪量に大きく依存する（第X章2-1)および図IX-1)参照).

紙は平面的に使用することが多いので，木材資源の有効利用としてまた物流コストの低減からも坪量を小さく，すなわち軽量化する傾向がある．例えば新聞用紙の坪量は過去約10年で平均約 $45 g/m^2$ から平均約 $42 g/m^2$ に減少した（9頁図I-5参照).しかし軽量化は一方で強度的諸性質や不透明性を低下させるので，それらの観点からはマイナスであり，その克服には紙製造メーカの技術に負うところが大きい．

2) 厚さ

紙は通常薄く屈曲しやすい柔軟な平面材料であり，寸法として厚さ（thickness）を無視することもある．しかし当然小さいながら厚みもあり，紙の三次元的な解析に厚さ値は不可欠である．表面からの繊維の剥がれやすさである剥離強度など紙表面だけに依存する物性もあるが，多くの物性は紙全体についてのそれである．例えば紙面に平行に働く引張力は紙断面全てに及んでおり，断面での力の掛かり具合である引張弾性率あるいは引張応力の計算には断面積の計算上厚さ値は不可欠である（第X章3-1)参照).同様に紙断面での流体の通過程度を表す透過係数の計算にも紙の厚さ値が必要である（第X章2-1)参照).さらに厚さは紙の剛さ

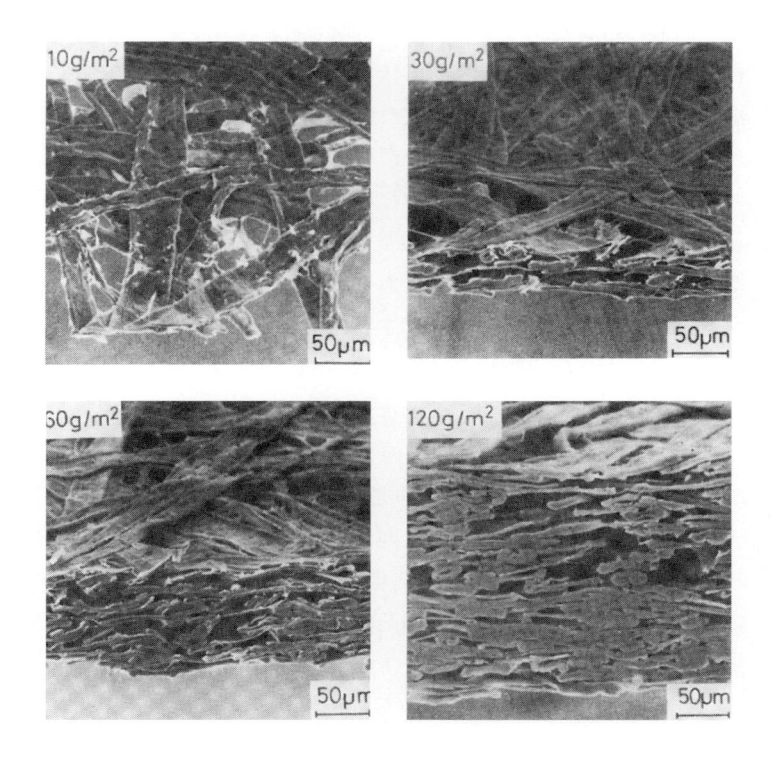

第Ⅸ章　紙の基本的特性値とその構造　117

図Ⅸ-1 ●軽度に叩解した針葉樹クラフトパルプから実験室的に作成した坪量の異なる一連の紙（山内龍男　1979）

を決める最大の因子であり,また厚さの変動は印刷仕上がりを不均一にするなど紙の二次的な加工にも影響を与える.

　紙の厚さ測定の標準法として,図IX-2のようなスピンドル先端に円盤の付いたダイヤルゲージ式厚さ計が使用される.そこでは紙の厚さの変動,その表面形状および圧縮性を考慮して円盤寸法とそれに掛かる圧力がそれぞれ直径14.3 mm,50または100 kPaに規定されている.しかしこの標準法は厚さ値を大きく見積もる傾向があるので,研究や開発のための厚さ測定法として各種水銀法やゴム板法が提案されている.図IX-3は坪量の異なる一連の紙につき,主要な厚さ測定法である水銀浮力法,水銀比重瓶法,ゴム板法および標準法による厚さと坪量の関係を示している.いずれの方法もほぼ直線状の関係を示すが,各坪量での厚さ値はすでに述べたように標準法でのそれが常に大きい.水銀使用に伴う不便さを考慮すれば,これらの方法の中ではゴム板法(rubber platen method)が簡便でかつ最も信頼できる厚さ値を与えると考えられる.この方法では上記と同じ寸法の2枚の平行円盤の内側に柔らかいゴムを貼り付け,標準法と同じ圧力/手順で測定する.柔らかいゴムが紙表面の凹凸の影響を消すことで真の厚さに近い値が得られることから研究・開発用に用いられている.

3) 密度

　坪量を厚さで除すことでシート密度(sheet density)が求まる.この密度あるいはその逆数である"かさ(bulk)"は,紙中における繊維の相互接触程度および偏平化,すなわち繊維間結合の発達

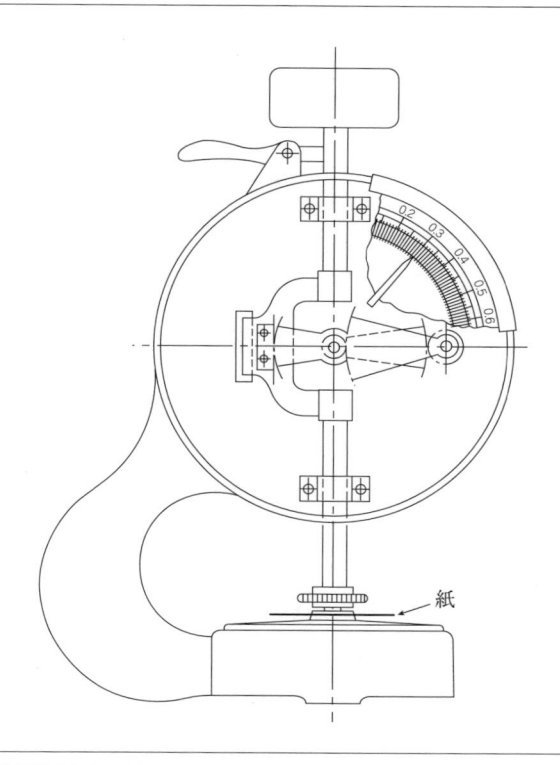

第Ⅸ章 紙の基本的特性値とその構造　119

図Ⅸ-2 ●標準紙厚さ計概要図

程度を示すバロメータである．従って密度と諸物性の間には有意な相関があり，密度から物性をある程度類推できるので紙の基礎的数値としての密度は大変重要である．特に原材料が同じで程度の異なる一連の処理をした場合，例えば叩解程度だけを変えて作製した一連の紙での密度と物性の相関はより大きくなる．なお密

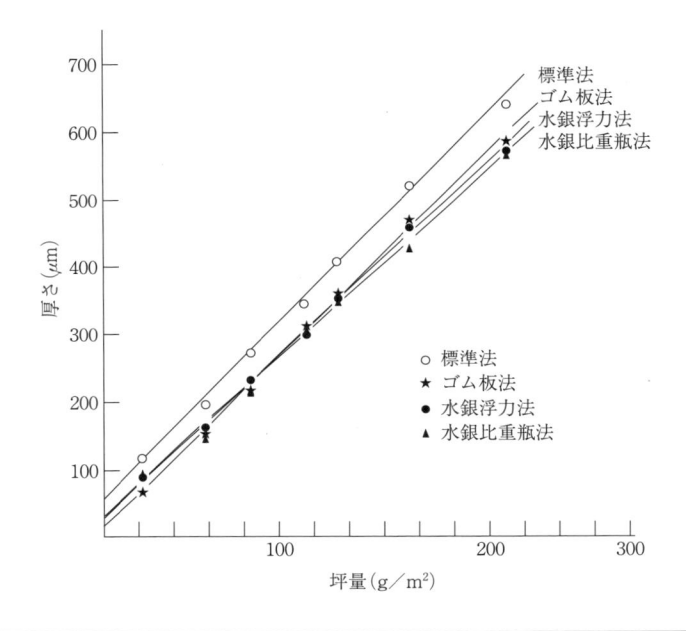

図IX-3 ●坪量と厚さの関係における各種厚さ測定法の比較（標準法，ゴム板法，水銀浮力法，水銀比重瓶法 Yamauchi T. 1987）

度の算出において厚さ値に標準法のそれを用いた場合，すでに述べたように厚さ値が大きく見積もられているので，得られた密度値は紙中心部のそれよりやや小さめになることに留意する必要がある．

2 紙の構造および空隙構造,

1) 繊維集合体としての紙構造

　篩別機を用いて微細繊維を予め除去した針葉樹クラフトパルプを用い,それを未叩解および叩解した後に実験室で抄紙した坪量約 60 g/m² の紙の構造を図 IX-4 の紙断面電子顕微鏡写真で示す.繊維が抄網の上にランダムに沈着するので紙面に平行方向には複数の繊維間結合部分が作る多角形を単位とするネットワーク構造が（図 IX-1 参照）,また抄紙がほぼ濾過プロセスで進むために厚さ方向には層状構造が見られる（86 頁図 VII-2 参照）.またクラフトパルプからの紙の場合未叩解でもルーメンはほぼ消失し,繊維は偏平化してリボン状になり,繊維断面の長軸方向もほぼ全て紙面に平行である.叩解したパルプからの紙では乾燥中において繊維と繊維が接する部分ですでに述べた繊維間結合が発達し,結果として 1 本の繊維と他の多くの繊維との結合が生じる.ただし坪量が約 10 g/m² 以下では,ネットワーク構造が見られるだけで当然層状構造は未発達である（図 IX-1 参照）.

　一方加工紙では紙表面や内部の繊維間に添加物が混入しており,図 IX-5 に見られるように自動改札用切符用紙やノーカーボン紙では層状に堆積した磁性体粉末層やマイクロカプセルを含む層が原紙表面に塗工され,あるいはラテックス含浸紙では紙中の繊維間結合周囲を取り囲むようにゴムが存在する状態が明瞭に認められる.

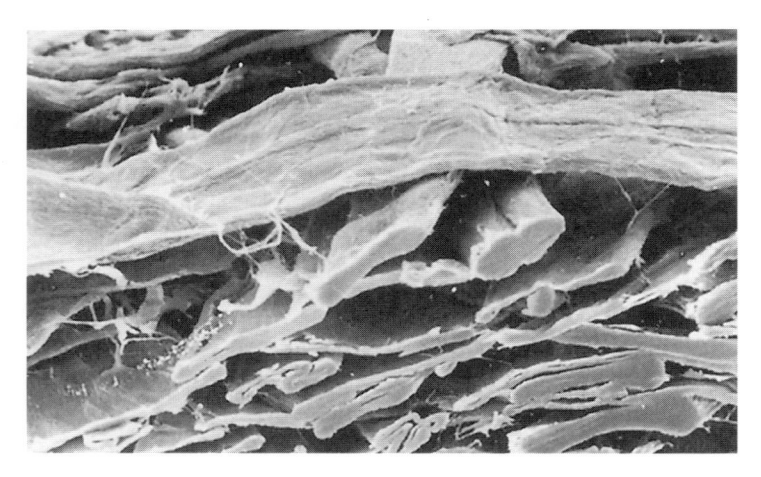

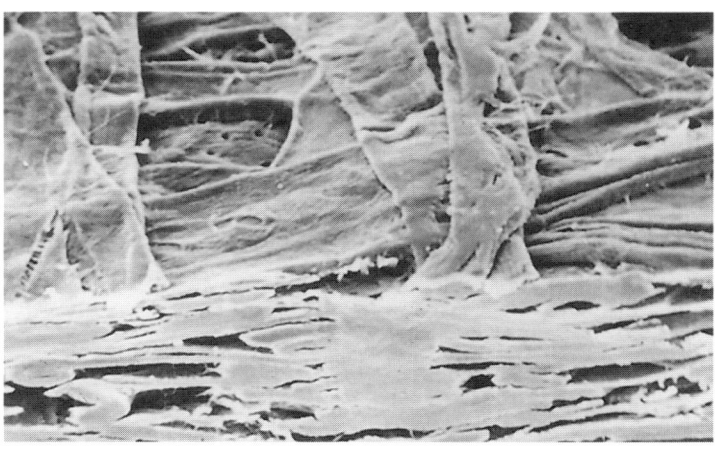

図IX-4 ● 未叩解（上）あるいは叩解した（下）クラフトパルプからの紙の断面（山内龍男，1979）

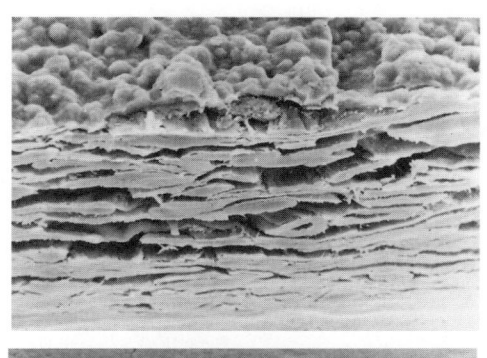

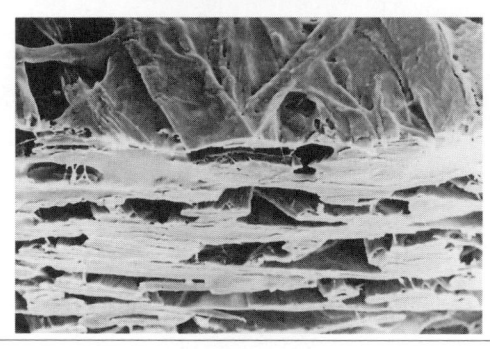

図IX-5 ●コート紙および含浸紙の断面構造(山内龍男,1983)
上からノーカーボン紙,磁性紙およびラテックス含浸紙

2） 紙の空隙構造

以上述べたような繊維の集積構造の反構造が紙の空隙構造である．抄紙前の懸濁液中では水であった部分がコンソリデーション過程中で空気に置き換わり，紙中には三次元的に相互に連絡した複雑な形状の空隙構造が発達している（口絵1参照）．空隙量は，紙の種類にもよるが大変多く，平均的には紙の体積の約半分は空気すなわち空隙である．紙は空隙を含むのが特徴の材料であり，多くの物性が空隙構造とも関連するので，その空隙構造の特徴を明らかにするべく多くの研究がなされた．

空隙構造研究には一般に水銀圧入法＊が用いられる．図 IX-6 は未叩解のクラフトパルプから作製した紙における水銀圧入・退出曲線である．圧入曲線の低圧部分における最初のわずかな圧入部分は紙表面の比較的大きいくぼみへの水銀の圧入，次いで生じる急激な圧入は隘路を通じて一度に繊維間の相互に連絡した空隙への圧入，比較的高圧でのなだらかな圧入は繊維間結合周辺へのそれ，他方急激な退出は繊維間の大きな隙間のサイズに達した時に隘路から外部への退出と解されている．このような狭い圧力範囲での急激な圧入および退出は，多数の球が充填した充填球構造（packed spheres）が作る相互連絡した空隙（interconnected pore）に典型的に見られる．ここで特徴的な急激な圧入および退出が生じる圧力を，それぞれブレークスルー圧（breakthrough pressure）および

＊：多孔体を水銀で被い，その水銀に外部から圧力を加えると水銀が多孔体内の空隙に圧入し，また圧力を下げると空隙内の水銀が退出する．これら圧力と水銀圧入・退出量の関係からその空隙構造を研究する方法．

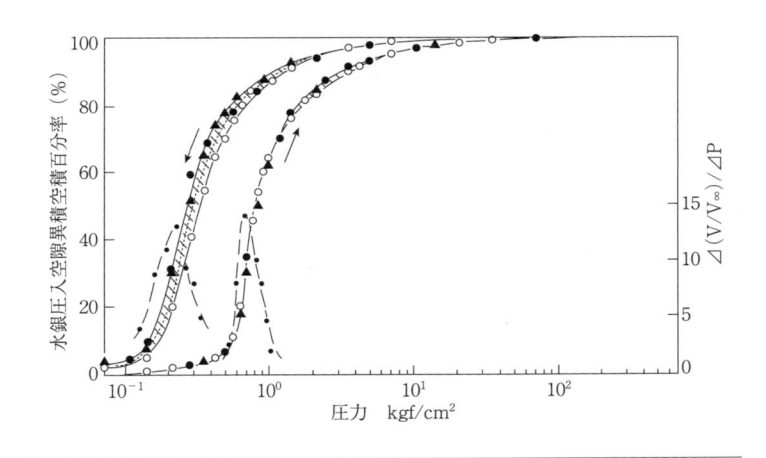

図IX-6 ●未叩解針葉樹クラフトパルプからの紙における水銀圧入・退出曲線とのその微分曲線(山内龍男 1975)

ウィズローアル圧(withdrawal pressure)と呼び,それぞれ充填球構造の造る相互連絡した空隙構造が特徴的に持つ隘路(openings)および比較的大きな隙間(interstices)の大きさに対応する(図IX-6の試料における前者及び後者の換算直径はそれぞれ約20及び約70 μm).実際後者は電子顕微鏡観察で見られるこの紙試料中の空隙のおおよその大きさとほぼ同じである.また水銀の圧入および退出が完了して測定開始圧力に戻った時点での全水銀圧入量に対する全水銀退出量の割合は,空隙の相互連絡性の程度を表し,全水銀圧入量から求められる空隙率(porosity)と合わせたこれら四つのパラメーターで紙の空隙構造を特徴づけることができる.叩解程度が進み紙の密度が大きくなるに従い,これら特徴的な隘路

および隙間の大きさ，空隙率，空隙相互連絡性はいずれも小さくなることが明らかにされている．

叩解程度とプレス圧力変えて作成した針葉樹クラフトパルプからの一連の紙における空隙率とブレークスルー圧との関係を，球径 14 μm の球の充填体におけるこれら関係の理論曲線と併せ図 IX-7 に示す．これら実験値と理論値がほぼ一致することは，叩解程度やプレス圧力など紙作成条件の如何を問わず，紙の構造が一義的に球径 14 μm の充填体と等価であり，紙作成条件により球の充填状態が変わっただけであることを意味する．なおこの結果は針葉樹クラフトパルプからの紙でのそれであり，機械パルプなど他種のパルプを用いた場合は球径がやや異なると思われる．

3） 紙の表面構造

紙が繊維の集合体である以上，その集合構造表面が表面構造になり，一方塗工紙のように紙表面を加工した場合，表面に存在する顔料その他物質の集合構造が表面構造になる．前者ではその単位要素である繊維の寸法に基づく紙表面の凹凸構造，および繊維集合の多少すなわち坪量の局部変動に基づく表面構造の変動があり，後者では顔料の寸法に基づく表面凹凸構造があるが，サイズは当然前者で大きい．（106 頁図 VIII-1 参照）．

このような紙の表面構造の評価は，印刷を主目的とする紙の平滑化のために必要な顔料塗工量の決定をはじめ，紙の光沢や摩擦の解明など多くの物性研究に不可欠である．JIS の平滑度測定法に規定されているように，一般的にはベック平滑度試験器（Bekk

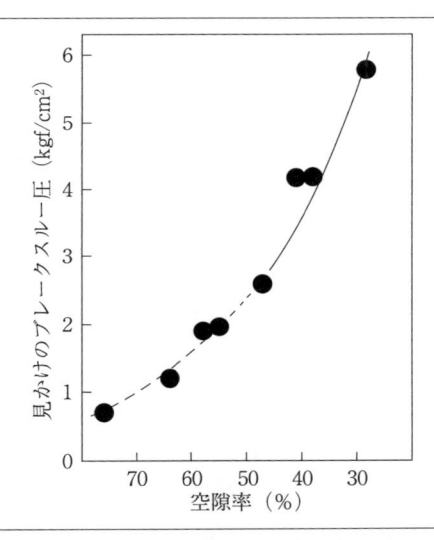

図IX-7 ● 作成条件の異なる一連の紙における空隙率とブレークスルー圧の関係、および球径 14μm の球の充填体におけるそれらの理論的関係 (山内龍男 1975)

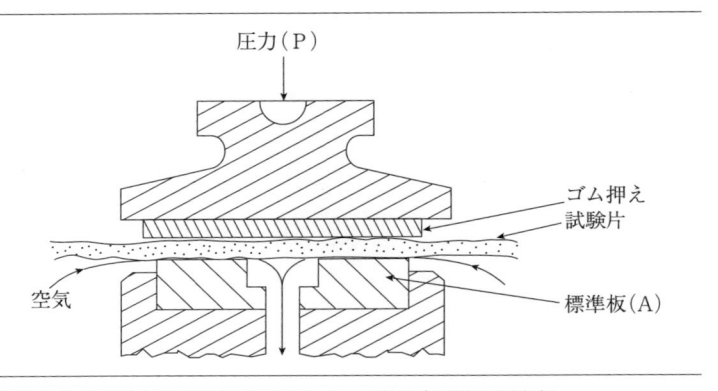

図IX-8 ● 代表的な空気漏洩式であるベック平滑度試験器測定部

smoothness tester）で代表される平滑面と紙面の間での空気漏洩量測定（air leak test，紙表面が粗い程空気がよく漏れる）が行われる（図IX-8参照）．一方印刷関連の平滑度評価では，平滑なガラスプリズムに接した紙面に投射した光の反射量の多少を測定する光学的接触法，いわゆるチャップマン平滑度試験器（Chapman smoothness tester）もよく用いられる（図IX-9参照）．後者ではプリズムに接する紙に，印刷時に用いる程度の種々の圧力をかけることが可能で，光の反射量が多い程より平滑と判定される．ただしより詳細な表面構造（あるいは表面粗さ）の評価には非接触方式で紙表面断面曲線（surface profile，粗さ曲線とも称する）を得，これを用いて粗さ分布曲線として解析する必要がある．このため当初金属材料の粗さ測定によく用いられる触針式粗さ計（stylus profiler）の使用が試みられた．しかし用いる針（先端曲率約5 μm）により紙面にスクラッチ痕ができるなど，特に小さいオーダーでの断面曲線の再現性に疑問が呈せられた．その後複数の二次電子検出器とコンピュータを組み合わせた形状計測機能の付いた走査型電子顕微鏡を用いる方法など，いくつかの新技術が紙表面粗さ曲線の作成に試みられた．それらの中で，傾斜の急な紙表面の凹凸の再現に優れ，実際の紙表面構造を表す走査型電子顕微鏡写真ともよく一致するのは，現時点では光干渉顕微鏡に基づく表面構造測定法と考えられている．

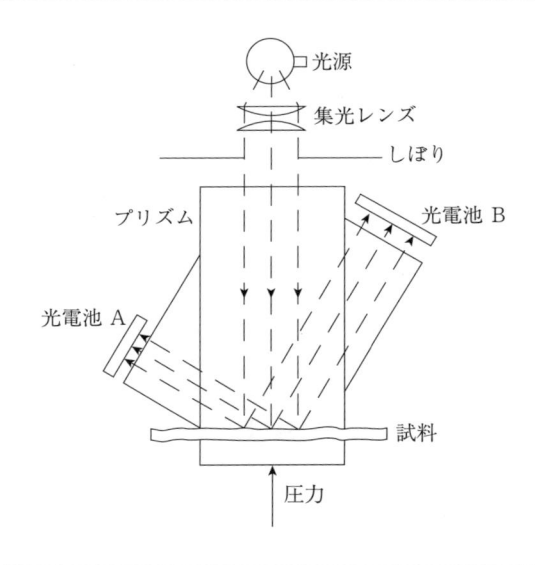

図IX-9 ● チャップマン平滑度試験器の構成

3 | 紙構造の不均一性

　紙は基本的には繊維の集合体であるので，必然坪量や密度の局部的変動がある．また繊維が層状に堆積することから紙面方向と厚さ方向では性質に大きな差があるなど，マクロでもミクロでも不均一でかつ異方性を有するのが紙の特徴でもある．

1） 地合

　紙を透かし見た時の視覚的不均一性を地合（formation）と称するが，これは坪量あるいは密度の局部変動である．抄紙過程において繊維はその塊であるフロック（flock）の離合集散を繰り返しながら抄網上に堆積するので，当然その中にはフロックを含む．その結果として紙では必然的に坪量の不均一が生じる．市販の紙や広葉樹パルプからの紙での坪量変動はかなり小さいが，フロックを作りやすい繊維長の大きな針葉樹パルプからの紙ではより大きな坪量変動（mass distribution）が見られる．図 IX-10 は針葉樹クラフトパルプから実験室的に作成した紙での坪量分布図である．大きな変動が認められ，これは厚さムラや透かしムラともほぼ一致することが知られている．針葉樹クラフトパルプからの紙の断面を観察すると繊維の重なり具合や層数に差異があり，これが断面構造的に見た地合である（図 IX-1 参照）．

　地合の悪化すなわち坪量変動が大きくなることは紙中における低坪量部分の増大を意味する．一般に強度は坪量とともに低下するので，このような低坪量部分が引き金と成って紙が破断すると考えれば，地合の悪化は紙全体の強度の低下をもたらすことになる．したがって抄紙段階において良好な地合を得ることは強度の面からも重要である．

2） 繊維の配向および両面性

　機械による抄紙では，抄網の移動速度と抄網への紙料吐出速度

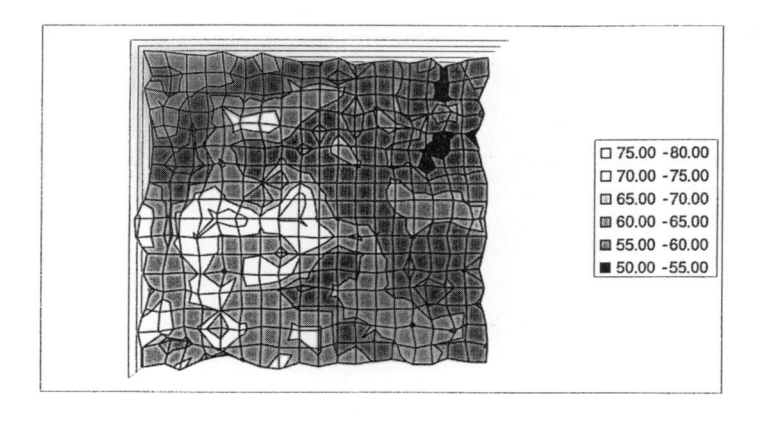

第IX章 紙の基本的特性値とその構造 131

図IX-10 ●軟X線で測定した5cm × 5cmの紙の地合図（篠崎　2004）

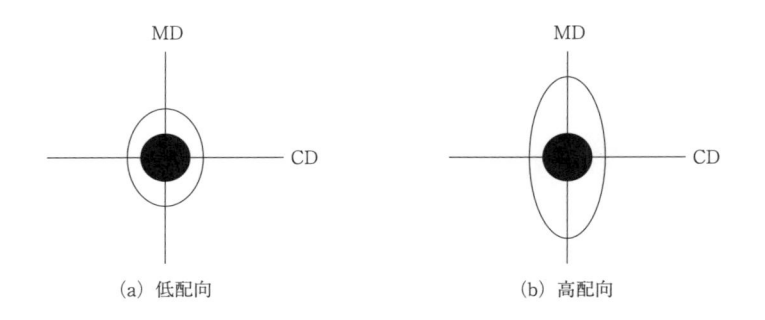

図IX-11 ●繊維配向図（2002）

の僅かの差や抄紙方向へ張力をかける結果として，程度の差こそあれ繊維は抄紙機の進行方向に配向する（第 VII 章 2，図 IX-11 参照）．その結果として強度においても異方性が生じ，MD の引張強度は CD のそれより明らかに大きい．またすでに述べたように紙の両表面であるワイヤー面とフェルト面の間の密度や表面粗さの差異である両面性（two-sidedness）も紙の不均一性の一つである（第 VII 章 3 参照）．

紙の寸法

　JIS によれば，洋紙の原紙寸法は A 列 B 列各本判（A：625 × 880mm，B：765 × 1085mm）以外に四六判（788 × 1091mm），菊判（636 × 939mm）およびハトロン判（900 × 1200mm）があるが，加工仕上げ寸法（ノートや書籍図面の仕上がり寸法）は A，B 両列のみ規定されている．紙は半分，1/4 とカットされることが多いので（半裁と称する），半分にしてもその形状が相似になる $1:\sqrt{2}$ (1.414) の比率が望ましい．そこで A 判列では面積を $1m^2$ とし，また幅と長さの比をそれにした用紙を A0 判（841 × 1189mm）として，以下長辺を半分にする（半裁）毎に A1，A2 とするように定められている．一方 B0 判はその面積が A0 判の 1.5 倍である．四六判原紙は 4 × 8 裁して，さらに化粧裁ち（9mm と 9.4mm を落とす）すると 4 寸 × 6 寸（正確には 4.2 寸 × 6.2 寸）の書籍用紙（127 × 188mm）になることから四六判と呼ばれる．また明治時代に輸入された紙に菊に似たダリアの花の商標を持つ 24 × 36in（610 × 914mm）寸法の紙があった．これは泉貨紙のほぼ 4 倍（25 × 37in）になることもあり，明治時代の日本人の菊文様好きと相まって，菊判と言うようになったと言われる．なお菊判原紙を化粧裁ちして 16 枚とすると書籍の菊判（152 × 221mm）になる．

　一方手抄き和紙の場合，1 尺 1 寸（333mm）× 8 寸（242mm）や美濃判の 1 尺 3 寸（394mm）× 9 寸（273mm）の基礎寸法以外に現在は，障子紙（639 × 939mm），画仙紙（727 × 1364mm），奉書紙（394 × 530），宇田紙（318 × 455mm）とそれぞれで寸法

が異なる．またそれぞれの紙でも数種の異なる寸法もあり，非常に多彩である．よく知られる半紙は，元来半裁した杉原紙を意味したが，その後1尺1寸×8寸の寸法の紙を広く指すようになった．ちなみに和紙の寸法は始めの数字で幅寸法，後の数字で長さ寸法を表す．また，一帖は美濃紙で48枚，半紙で20枚に相当し，食卓にのぼる海苔は10枚で一帖である．

第X章 | *Chapter X*

紙の物性

　紙を含め我々の周囲にある全ての材料はそれが有する各種の性質（物性と総称する）およびそれらのバランスを利用する形で用いられるので，材料研究では物性がもっともよく研究されてきた．紙においては，その物性（paper properties）の多くが不均一性を含む紙の構造と密接に関係するので紙の構造と物性をリンクした研究も多い．種々の性質が検討されてきたが，紙の構造における多孔性を生かした多孔的性質と光学的性質に加え，その使用目的で最も不可欠な力学的・強度的性質および化学的性質について以下に簡単に説明する．

1 | 水分の影響

　紙はセルロース系材料なので通常吸湿性を示す．その程度は大略紙周囲の大気の温度と相対湿度（RH）で決まるが，23℃ 50% RH の標準雰囲気下での含水率は 5〜6%程度である．水分は木材繊維を可塑化し，かつ繊維間結合をゆるめるので，図 X-1 に見られるように相対湿度あるいは含水率による物性（特に強度的

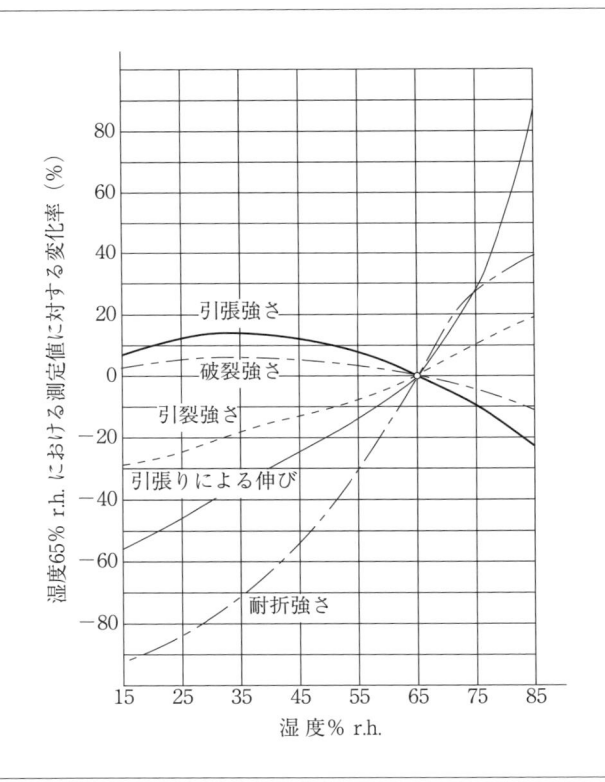

図X-1 ● 相対湿度と紙の強度的性質の関係

性質)の変化は大きい．従って紙の物性試験はこの標準雰囲気下で調湿した後，やはりこの雰囲気下で測定することになっている．ただし実際の紙使用条件は，常温から高温加熱ロールに移送した場合など，標準雰囲気と異なる場合が多い．図X-2は高湿度から低湿度へあるいは低湿度から高湿度に雰囲気が変わった時

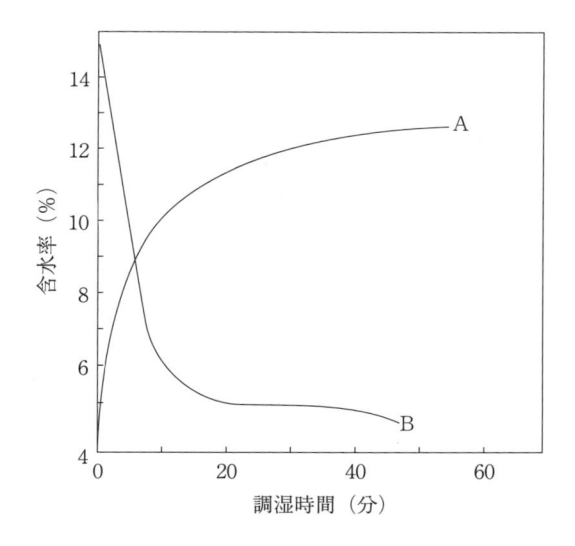

図X-2 ●相対湿度の変化に伴う紙中水分の時間的変化
　　　　A：35％から85％RH
　　　　B：85％から35％RH

の紙の水分変化の一例である．短時間でのこのような水分変化は，標準雰囲気での物性試験とともに実際の使用条件でのそれの重要性を示している．また一方で実際の我々の周囲では関係湿度は常に変動している．乾湿繰り返し下での負荷による紙の変形は，高湿度下でのそれより大きいことが知られている．これにさらに温度の変化が加わる時の影響は一層複雑になるが，このような現象はメカノソープティブ効果（mechano-sorptive effect）といわれ，そのメカニズムは未だよく分かっていない．

金属やプラスチックにおいては熱による寸法変化が大事であるが，紙では熱によるそれはほとんどなく，むしろ含水率変化による寸法変化が大きい．繊維中のセルロース分子が繊維軸方向にほぼ配向しているので，含水率変化による伸縮は繊維幅方向で大きく最大20%程度もあり，これは繊維間結合を通じて紙全体に伝わる．その結果含水率変化による紙の伸縮は紙面方向で数%であり，厚さ方向ではさらに大きいが，特に叩解程度が大きいと顕著である．この含水率変化に伴う寸法変化に抵抗する能力は寸法安定性（dimensional stability）と呼ばれ，紙を乾燥した際の収縮率と密接に関係する．そこで乾燥中の収縮を抑制することで寸法安定性の向上を図っている（第VII章2参照）．ただし紙の使用中に再度水が掛かった後に乾くと，局部的な伸び縮みなどの寸法変化が起こり，しわ（wrinkles）やふくらみ（cockles）たるみ（wavy edges）が生じる．

　紙のカール（curl）はこの水分による寸法変化が紙の厚さ方向で異なった際に生じる．すなわちすでに両面性（第IX章3-2)参照）として説明した厚さ方向での微細物分布や繊維の配向の差異，さらには塗工等の加工により構造上厚さ方向にアンバランスがある場合，同じく厚さ方向で含水率に分布がある場合などが原因として考えられる．最近では抄紙におけるツイン化（第VII章3参照）や塗工加工（第VIII章2-1)参照）でも両面塗工の導入が進んでおり，紙のカールは少なくなったと言われる．

2 多孔的性質

紙中には空隙が多く,かつそれらは相互に連続しているので,流体(気体および液体)の通過や液体の浸透など種々の多孔的現象が観察され,また各種フィルターや吸い取り紙などその性質を利用した用途も多い.

1) 流体透過性

多孔体中の空隙を通過する流体の挙動は,層流に限定すれば,一般に以下のDarcy則で説明できる.紙においてもこれが成立することは確められ,特に紙の厚さ方向での空気の透過性である透気度(air permeability)の測定に適用されている.

$$Q/At = K\Delta p/L$$

> Q:t時間に試料を通過した流体の体積,Δp:試料両面間の圧力差,AとL:試料の面積と厚さ,K:試料に固有の透過係数で,透過性の尺度である.

通常用いられる紙の透気度測定装置では,空気のゆっくりした流れである層流を前提とし,圧力差と試料面積は各測定装置に固有なので,一定体積の空気の透過時間,あるいは一定時間での透過空気容積などを尺度として透気性を評価する.ただしより普遍的には上記のDarcy則を用いて,各試料の物質定数でもある透過係数で評価する.透気度は当然紙の空隙構造(第IX章2-2)参照)

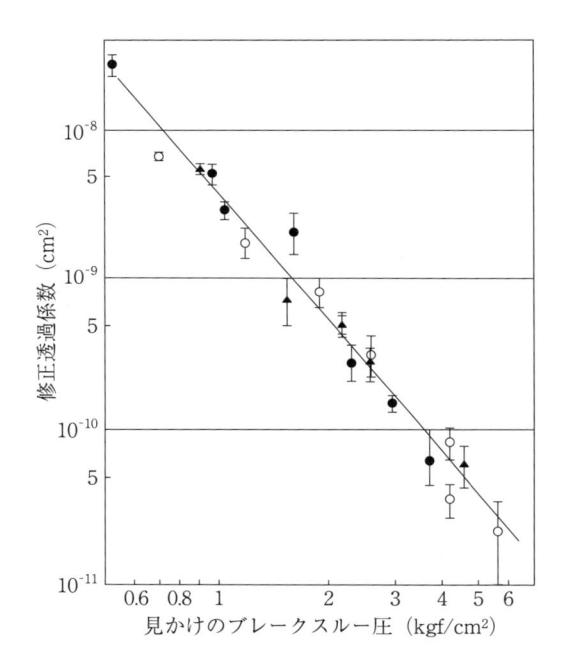

図X-3 ●修正透過係数とブレークスルー圧の関係（山内龍男，1975）

と密接に関連し，図X-3に示すように，そこでの隘路の大きさを示すブレークスルー圧と透過係数が一義的関係を示すことが明らかにされている．すなわち叩解などで紙の密度が増大するとともに空隙の隘路が小さくなり，その結果紙の流体透過性は大きく減少する．

ここでの流体は多孔体と相互作用のない不活性流体であることを前提にしているが，例えば水蒸気のようにセルロース系繊維に浸透・拡散してさらに膨潤を引き起こす場合の透過性は複雑であり，相対湿度が増大すると紙の透湿性は指数関数的に増加することが知られている．

2） 液体の浸透性

水や油は紙中に容易に浸透する．すなわち毛管力により液体は相互連絡した紙の空隙に入り込む．セルロース系繊維とは相互作用のない非水系溶媒の紙への液体浸透深さと時間の関係は下記のLucas-Washburn 式で表される．一方水系溶媒では繊維が次第に膨潤して空隙構造が変化するため，図 X-4（右）に見られるように次第にこの式から離脱する．

$$h^2 = r\gamma\cos\theta t/2\eta$$

hとt：液体の浸透深さと時間，r：毛管平均径，γ, θ, η：それぞれ液体の表面張力，接触角，粘度

液体浸透性の測定には紙面方向での液の浸透深さを測定するクレム吸水度試験（Klemm method），および厚さ方向での液の浸透量を測定するコップ法（Cobb method）がもっぱら用いられる．パルプ叩解程度が増大して紙の密度が大きくなるに伴い，空隙率と空隙の隘路や隙間の大きさがともに減少するので当然ながら液体浸透性は低下する（図 X-4（右）参照）．

すでに述べたようにインキのにじみを防ぐために紙にサイズ処

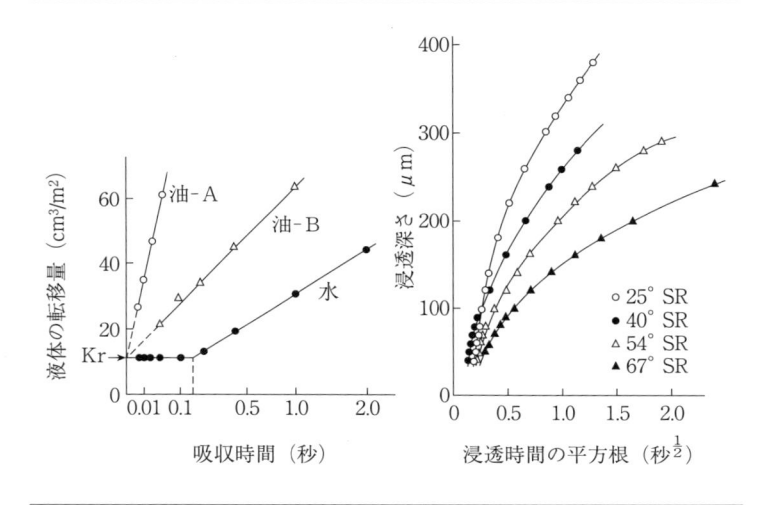

図X-4 ●紙への液体の転移速度と水の浸透 (Bristow, J. A. 1967; Hoyland, R. W. 1976)

理を施すことが多いが（第VI章2参照），このにじみは液体の浸透である．ただし一方で紙の空隙にインキが吸収されることも必要であり，にじみ（すなわち液体の余分な浸透）の防止には上述の液体浸透性に加えて繊維と液体とのぬれやすさ（wetting）も大きく関与する．ぬれやすさの測定は紙表面での液滴の接触角（contact angle）の測定が有効であるが，紙のサイズ度は通常，ロダンアンモニウム溶液に浮かべた紙試験片上に塩化第二鉄溶液を落とし，赤色斑点が現れるまでの時間を測定するステキヒトサイズ度試験（stöckigt method）などで評価されることが多い．

3 力学的・強度的性質

紙は空隙を多く含み、ミクロにはかなり不均一な材料である。ところが均一な構造のセルロース材料であるセロハンのクリープ特性（creep characteristics）が紙のそれ（図 X-5 参照）と同じであることから知られるように、紙は力学的に均一な連続体とみなした取り扱いができる材料である。紙は平面材料なので、力学的・強度的には引張強度をはじめ紙面方向（in-plan）に引張負荷を与えた時に耐える強さを中心に検討されてきた。

1） 紙面方向の力学的・強度的性質

基礎的な力学的性質として、弾性率（elastic modulus）、（引張）強度（tensile strength）、破壊靱性（fracture toughness）がある。前二者については作成条件の異なる一連の紙試料の引張試験を行い、引張荷重と伸び変形量との関係以外に同時にそこでの吸・発熱状態など様々な点からも検討を加えて、叩解程度などの紙作成条件ひいては紙の構造と強度的性質の関連が研究されてきた。図 X-6 に示す荷重—伸び曲線の初期における直線的関係の傾きである弾性率およびこの曲線の最大値である引張強さは、一般に叩解等に起因する繊維間結合の発達とともに増大し、特に軽度の叩解による強度の増加は著しい。この図では典型的な荷重—伸び曲線に加えて、赤外線熱画像法（infrared thermography）を併用して測定した引張に伴う試験片の温度変化を示している。引張過程の初期の直

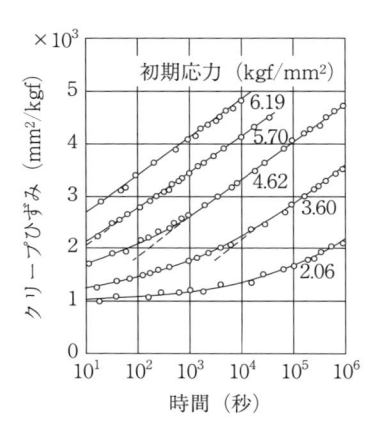

図X-5 ● 実験室的に作製した紙の引張クリープ曲線（Brezinski, J. P. 1956）

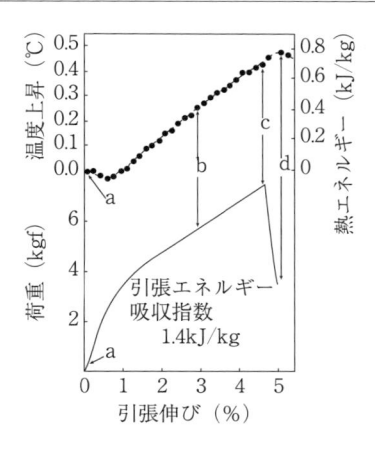

図X-6 ● 紙の引張曲線と引張に伴う紙の吸・発熱現象（Yamauchi T., 1993）

線的変形段階（伸び約 0.5 ％まで）では吸熱を伴うエネルギー弾性（energy elasticity, バネ弾性とも言う）変形を示し，さらに引張が進むと次第にエントロピー弾性（entropy elasticity, ゴム弾性とも言う）変形を含む塑性変形（plastic deformation）により発熱することが分かる．紙は塑性変形後，通常伸び数％で破断するが，クレープ（crepe）のような小じわを多く付けた紙では 10 ％程度まで伸びて後破断する．図 X-7 はまた引張試験中の紙試験片に生じた繊維間結合破壊や繊維の破断の様相をアコースティックエミッション（acoustic emission, AE）法に基づく微小破壊の累積状態として，繊維間結合状態の変化を表す光反射率（optical reflectance）の微小な変化と併せて示す．紙の塑性変形域におけるわずかではあるが光反射率の増大は，繊維間結合周辺の繊維近接部分が減少することを意味する．また同時に繊維間結合の破壊も同時に生じ始め，AE 発生数の指数的増大が示すように，最大強度に近づくにつれ繊維間結合破壊の頻度が著しく増大することも見いだされる．

　材料強度は一般に，そこに存在する欠点に応力が集中することと関連するが，破壊靭性試験では試験片にわざと大きな欠点である切り欠き（notch）を入れ，そこからの破断進展に材料がどの程度抵抗するのかを調べる．紙の破壊靭性試験，特に紙面に平行に力が働く面内破壊靭性（in plane fracture toughness）試験においては一般破壊力学（fracture mechanics）に基づく J 積分法（J-integral method），き裂先端開口変位法（crack tip opening displacement method）や実質破壊仕事法（essential work of fracture method）の適用が試みられ，破壊が進行する様子とともに破断進展に及ぼす試験片寸法の

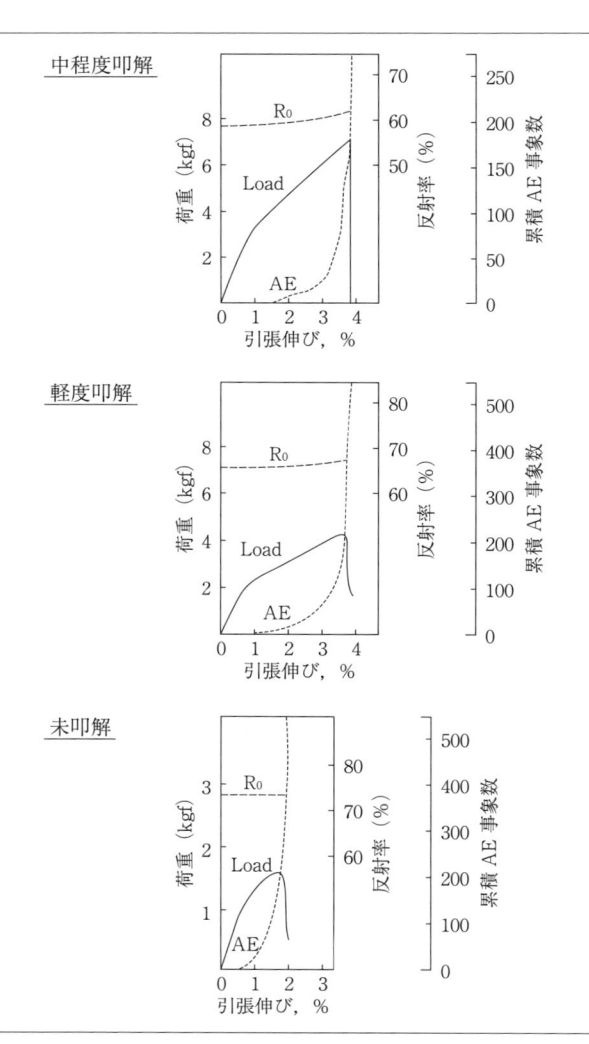

図X-7 ●紙の引張に伴う AE 発生と光反射率 R_0 の変化（Yamauchi T., 1993）

影響なども調べられた．最後者の方法では両側に深い切り欠きを有する紙試験片使用する．それを引張した際の切り欠き周囲における塑性変形の様子は，上記の熱画像法を用いることでそこでの温度分布の変化として連続的に観察され，両切り欠き先端周囲および先端間で生じる塑性変形域の発達様式に規則性のあることが明らかになった（口絵2参照）．北欧ではこれら一連の研究成果に基づき，試験片および切り欠きの形状や寸法を含む，破壊靭性標準試験法の提案も行われている．

図X-8は広葉樹クラフトパルプから実験室的に作成した紙における，叩解あるいは紙力増強剤の添加に伴う引張弾性率，引張強さ，破壊靭性および光学的に測定した相対的な繊維間結合面積（relative bonding area, RBA，第X章5-3)参照）の変化を測定した研究成果の一例である．すでに述べたように叩解あるいは紙力増強剤の添加に伴う繊維間結合の増加とともに弾性率および引張強さは増大するが，破壊靭性は次第に一定値に近づき，繊維間結合がさらに増大するとやや減少する傾向を示す．

その他，一連の引張静荷重と引張破断寿命の対数が示す直線関係を検討するクリープ破壊試験（creep failure test）は，疲労試験（fatigue test）の一つであり，バラツキは大きいが，紙材料の強度的性質の特徴の一端を示すであろうと期待できる．

強度的性質としては上記した学問的検討以外に，引張強度に加えて慣用的に，破裂強さ（bursting strength），引裂強さ（tearing resistance），耐折強さ（folding endurance）があり，通常はこれらの値で紙の力学的・強度的性質の評価が行われる．ただし，これら諸強度は坪量の影響を大きく受けるので，坪量で規格化した引張，

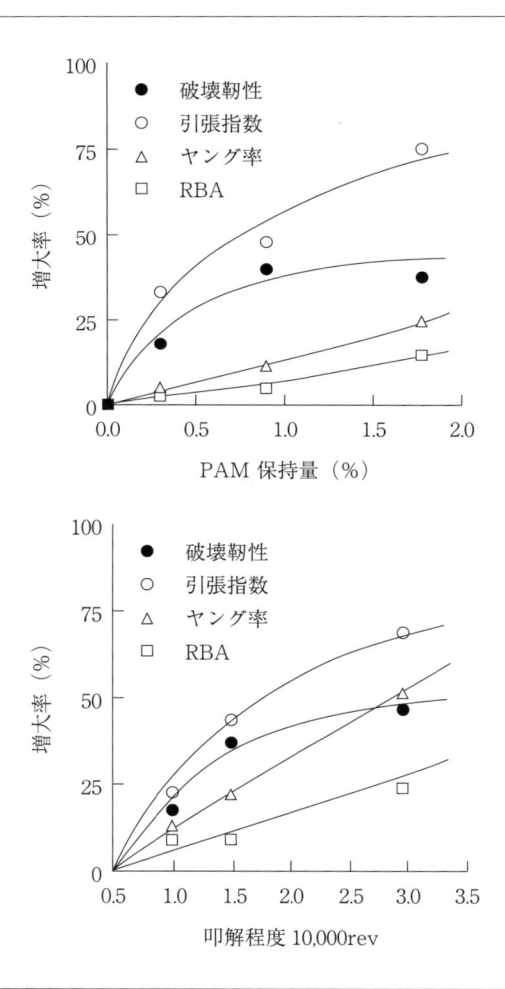

図 X-8 ● 叩解および紙力増強剤（PAM）の添加に伴う引張強度，弾性率，破壊靭性，相対結合面積の変化（Yamauchi T. 2003）

破裂，引裂の各指数として紙質評価を行うことが多い．針葉樹クラフトパルプからの紙におけるこれらの強度と叩解程度との一般的関係を図 X-9 に示す．

引張強さは通常定速（10 mm/分で行う場合が多い）で歪みを与えられる一般的な材料試験機（インストロン型試験機ともいわれる）を用いて測定する．材料試験では通常応力集中効果を避けるためにダンベル形に成形した試験片を用いるが，紙強度試験における応力集中効果は小さいと考えられていることから標準的な試験片の形状は，幅 15 mm，長さ 100 mm ＋試験片つかみ長の短冊型である．上述したように引張試験における最大強度を引張強さとする．市販の紙は機械抄きなので，繊維配向の大きい MD での引張強さは CD でのそれより大きく，研究室で標準的に作製するような繊維配向が紙面で完全にランダムな紙の引張強さとは次のような関係がある．

$$(\text{Tensile strength}_{\text{randam}})^2 = \text{T. strength}_{\text{MD}} \times \text{T. strength}_{\text{CD}}$$

破裂強さは図 X-10 のようなミューレン破裂強さ試験機（Mullen bursting tester）を用い，紙面に裏当したゴム膜を膨張させて紙が破断した際の圧力である．図 X-9 に示したように叩解など紙作製条件に対する変化は引張強さのそれと類似し，かつ装置の簡便性および繊維配向や試験片寸法の影響を受けないなど，測定に際しての誤差が出にくいことから引張強さの代用としてよく用いられる．

引裂強さは一定寸法の切り欠きを入れた紙を引裂く際に要した仕事である．なお仕事量を引裂長さで除して表示するので，単位

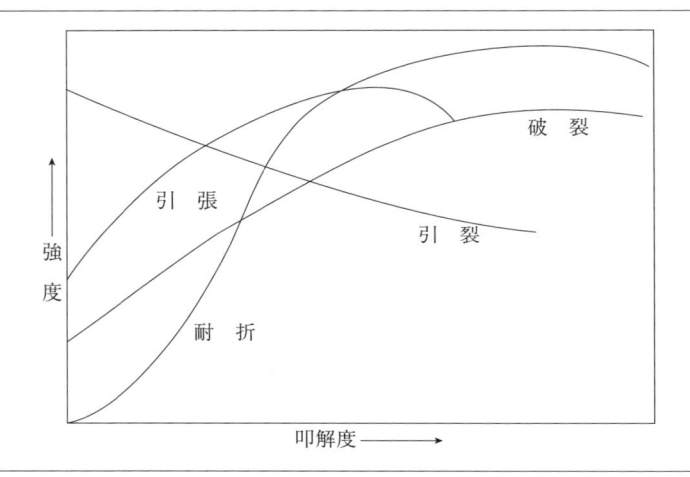

図X-9 ●叩解程度の増加に伴う引張,破裂,引裂,耐折各強度の典型的な変化

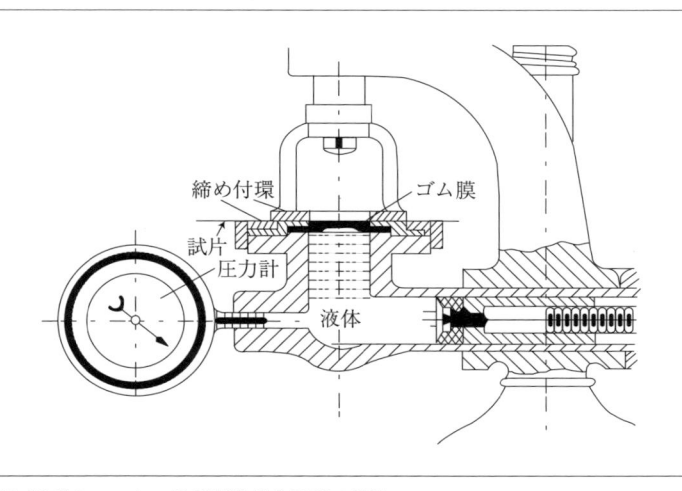

図X-10 ●ミューレン破裂試験器主要部の構造

は力で表わされる．通常図 X-11 のようなエルメンドルフ引裂強さ試験器（Elmendorf tearing tester）を用い，幅 63 mm の試験片の内始め 20 mm の切り目を入れ，残り 43 mm を引裂くに要する仕事を測定する．この際紙に働く力は紙面にほぼ直角であり，面外破壊靭性（out-of-plane fracture toughness）試験としての性格を有する．図 X-9 に示したように引裂き強さ以外の他の多くの強度は引張強さと同様に繊維間結合の増大とともに増大するが，引裂強さは極くわずかの繊維間結合の増大で最大値を与え，さらなる繊維間結合の増大によりむしろ急激に低下する．このことは主に切り欠き先端での応力集中効果が生じたためと考えられている．引裂強どは繊維長や単繊維強度の影響も受け特に前者のそれは顕著であり，繊維長の短い広葉樹クラフトパルプからの紙では上述の針葉樹クラフトパルプからの紙と異なり，叩解程度を大きくしても引裂強さは低下しないことが知られている．

　耐折強さは用途的に何度も折り畳む紙幣等での強度的性質や紙の劣化の評価法として用いられる．上述したクリープ破壊試験と同様一種の疲労試験でもあり，疲労試験の特徴として値のバラツキは大きい．MIT 型とショッパー（Schopper）型の耐折強さ試験器があり，最近は図 X-12 に示す前者を用いる場合が多い．ここでは一定張力（通常 9.8 N）下で紙を連続的に折り曲げて破断するまでの回数あるいはその常用対数値で評価する．叩解程度すなわち繊維間結合の増加で著しく増大するが，対数値の変化が引張強さのそれと類似すると言われている．

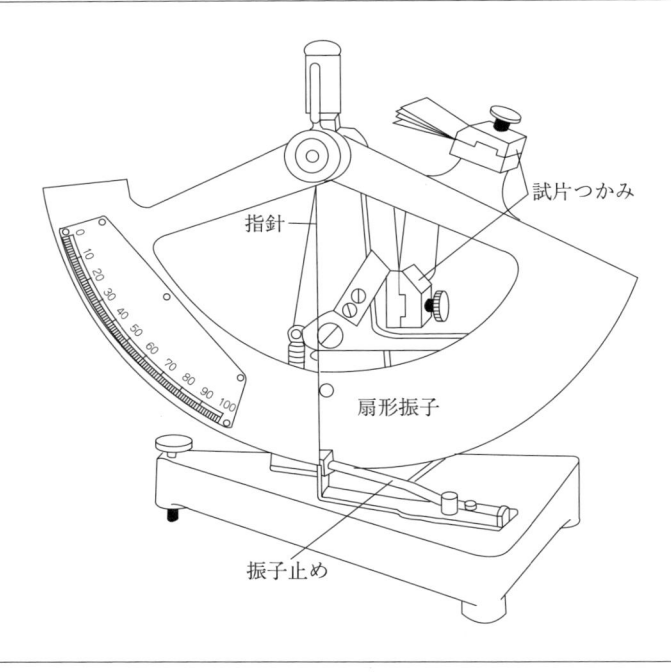

図X-11 ●エルメンドルフ引裂き強さ試験器概要図

2） 単繊維強度およびゼロスパン引張強度

　紙は繊維の集合体なので，繊維間結合の強度や面積とともに単繊維の強度も重要になる．アガチス材繊維のように比較的長い繊維（約5 mm）についての引張試験は試みられてきたが，紙を構成する繊維は通常大変短いので単繊維強度の測定はかなり難し

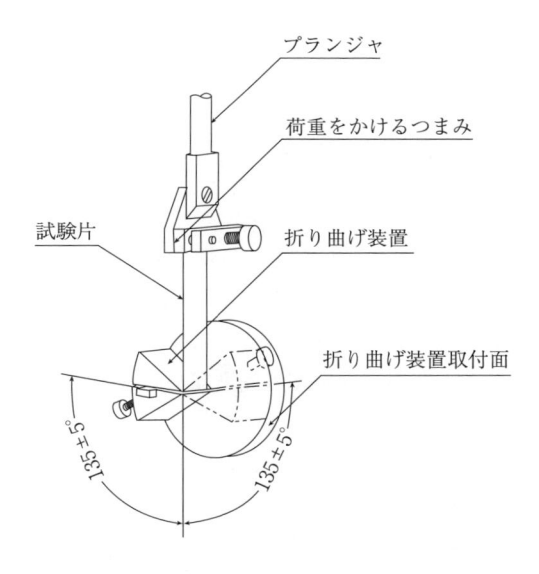

図X-12 ● MIT 耐折強さ試験器主要部の構造

い．そこで考えられたのが引張強さ試験における試験片つかみ間隔をゼロにした状態での引張試験であり，そこでの強度がゼロスパン引張強度である．すなわちゼロスパン試験の目的で開発された紙試験片のつかみ治具が理想的に全ての繊維を保持し，かつ繊維が完全にランダム配向しておれば，ゼロスパン強度は単繊維強度の 3/8 になると考えられている．しかし専用の治具を用いても実際にはスパン間隔をゼロとすることはできず，約 0.2 mm が限度である．また引張に際して繊維の一部が滑り抜けることもあり，現状では単繊維強度試験としてのゼロスパン強度試験は相対

的な値である．なおこのゼロスパン強度は叩解による影響をあまり示さないことが知られている．

3）　圧縮性および表面強度

　紙の厚さ方向への応力に対する応答，すなわち圧縮性（compressibility）については前述したように地合と関連した厚さの定義や測定法に問題があり，研究は未だ十分行われていない．ただし紙の表層での圧縮性が紙層内部のそれより大きい点や，狭義の圧縮性である厚さ方向の弾性率が紙面方向のそれと比べて約2桁小さいことなど特徴的な点はすでに明らかにされている．最近は多層抄紙法が発達し，質的に不均一になった紙層での応答など今後検討されるべき課題は多い．

　厚さ方向の強度は，印刷時における紙面からの繊維の剥離などに関しても研究されている．剥離強度は固さの異なる一連のワックス（Denison wax）による剥離強さの指標化や紙層剥離を伴う感圧テープの高速剥離に際しての仕事量による評価，さらには衝撃的に紙内部を剥がす際の仕事量を測定するスコットボンド内部結合強度試験（Scott bond internal bond strength）が行われている．叩解等による繊維間結合面積の増加はこの剥離強度の増大をもたらすと考えられている．

4 感性的性質

　紙の"こし"や"手ざわり"といった感性的性質も重要である．感性には心理的要因もあるが，物理的性質との関連はより深い．例えば"こし"と紙の曲げこわさ（stiffness）の間には極めて高い相関がある．曲げこわさは曲げに対する抵抗であり，紙の弾性率とその断面の慣性能率の積で表される．紙の幅を a，厚さを t とするとその慣性能率は $at^3/12$ であり，曲げこわさは厚さの3乗と弾性率に比例することになり，厚さの増減が紙の"曲げこわさ"や"こし"に大きく影響することが分かる．なお紙の曲げこわさは，一方でコピー機やプリンター内での紙の搬送に大きな影響を及ぼす（第XI章2参照）．

5 光学的性質

1） 白色度

　情報・印刷媒体として，不透明度（opacity）とともに白色度（ブライトネス，brightness）は大変重要である．パルプおよび紙の白色度は残存リグニン量および漂白程度に依存し，その漂白程度は通常白色度で評価する．

　可視光の完全散乱体および吸収体が光学的な完全白色および黒色体であり，白色に近い紙の場合，白さの程度は可視光の短波長

領域の光の反射率に反映されるので，無限厚さの紙（すなわち下地の影響を受けない厚さ　坪量 60 g/m² の普通の紙なら 6〜7 枚程度に重ねた紙試料）を青―スミレ色を呈するフィルターを通した光（主波長 457 nm）で照射した時の反射率をパルプ・紙の白色度とする．

2） 不透明度

紙は薄くて不透明な故に印刷媒体として重用され，不透明性すなわち不透明度が大きいことは他の材料にはない紙の大変大事な性質である．光透明性（transparency）あるいは不透明性（opacity）は，試料の透過光量を測定することで定量することが多いが，紙では以下のコントラスト比として定量する．すなわち，光学的により厳密な不透明度は反射率ゼロの黒色布で裏当てした時の紙1枚の反射率（R_0）と下地の影響を受けない程度に重ねた紙の反射率（R_∞）との比 R_0/R_∞ で表され，印刷不透明度（printing opacity）と呼ばれる．また R_0 と反射率が 89 ％の標準白板（ほうろうあるいはタイル）で裏当てした1枚の紙試験片での反射率（$R_{0.89}$）との比 $R_0/R_{0.89}$ は Tappi 不透明度と呼ばれる．

3）　光の散乱および Kubelka-Munk 式

紙が不透明なのは，紙に光が照射されると，紙層中でいろんな方向を向いている多数の繊維表面で光を屈折させ，紙全体としては光散乱体として働くためである．このような光散乱挙動は通

常,方向性のない均一光散乱体における光の挙動を散乱係数 S (scattering coefficient),と吸収係数 K (absorption coefficient) で記述する Kubelka-Munk 式 (KM 式) を用いて解析される.紙の場合,散乱係数は空気―繊維界面の面積すなわち光学的内部比表面積 (m^2/kg) でもあり,一方吸収係数は着色成分組成に依存し,ともに R_0,R_∞ および坪量の各値を KM 式に代入することで求められる.図 X-13 は散乱係数および吸収係数に及ぼす叩解と漂白の影響の一例である.漂白程度は吸収係数に影響を与え,一方実験室でよく用いられる叩解実験機である PFI ミルの回転数の増加で示す叩解程度の増大により散乱係数が低下することが知られる.

図 X-14 に見られるように,各種パルプや市販の多くの紙に含まれる填料に用いる粉体には,それぞれの寸法・形態や組成に基づく物質固有の散乱係数および吸収係数がある.填料や顔料として用いるクレーや炭酸カルシウムなどの寸法は繊維のそれより極めて小さいが故に比表面積が非常に大きくかつ屈折率も大きいので,それらの散乱係数はパルプ繊維のそれよりはるかに大きい(表 VI-1 参照).Kubelka-Munk 理論によると,紙を構成するパルプや填料の散乱係数と吸収係数にそれぞれ単純な加成性が成立し,異なるパルプの混合や填料の添加による光散乱能の変化なども容易に予測できる.実際市販の紙製品の製造においては,概略この理論に基づいて填料の種類やその添加量が決められている.

光学的な内部表面積でもある散乱係数の多少は紙における繊維間結合の発達程度を示す優れた尺度である.すなわち繊維間結合が良く発達すると内部表面積が減少して散乱係数が小さくなる.そのため実験室的に繊維間結合を作らない紙を作製し,そこでの

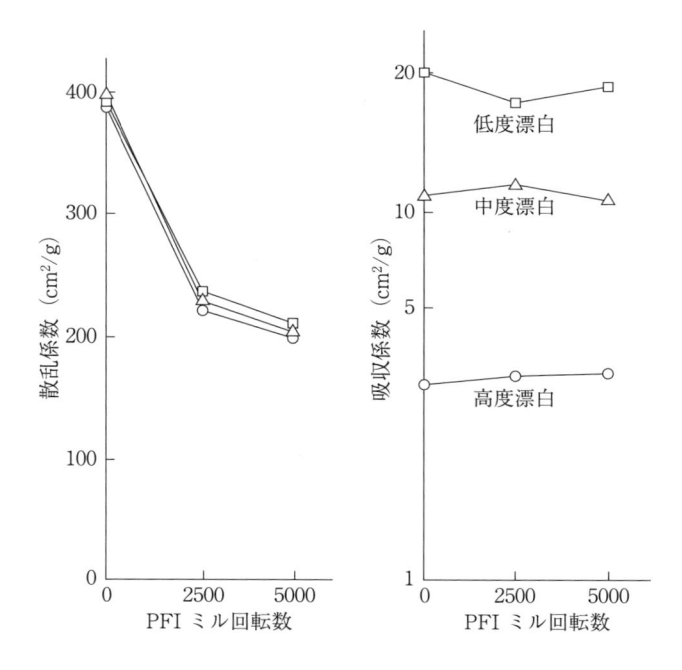

図X-13 ● 叩解および漂白に伴う散乱係数および吸収係数の変化（Hasuike, M. 1986）

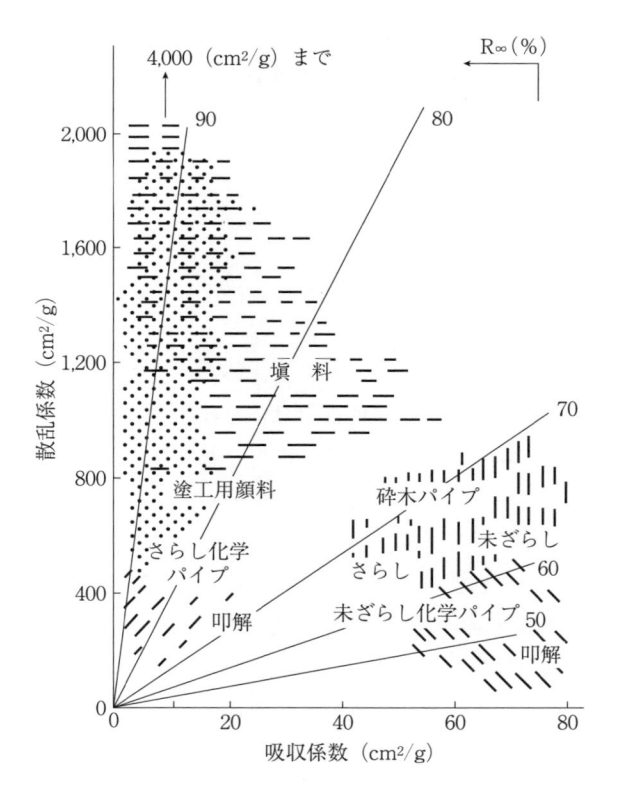

図X-14 ●製紙原料の光散乱係数と吸収係数（Schlegel, M. et al., 1974）

散乱係数と紙試験片のそれとの比較から得られる相対結合面積（RBA：relative bonding area）を紙試験片における繊維間結合発達の尺度とすることもある．すでに述べたように繊維間結合の発達程度はまた強度性質とも直接関連する．従って紙の基礎的性質の一つとして，光学量測定から散乱係数を求められることは，その基礎的構造量とも関連して広く紙物性を検討する上で大変重要である．

6 化学的性質および耐久性

　紙は化学的に安定なセルロースを主体とする材料なので，通常の使用においては紙の化学的性質はそれほど重要ではない．ただし機械パルプからの紙では，そこに含まれるリグニンは化学的にはあまり安定でなく，光で変色しやすいが，特別顕著な化学的性質を示すこともない．従って特殊な目的で紙に添加薬剤を加えて加工紙あるいは機能紙とした場合のみ化学的性質を議論するが，大半その添加薬剤の化学的性質が紙のそれになる．例えば防錆剤添加紙は錆の発生を防ぐ化学的性質を有するが，その性質は添加した防錆剤そのものの化学的性質である．

1）　紙の劣化および耐久性

　以前2000年問題が騒がれた時，情報の長期保存とその読み出し可能な媒体として最も信頼されたのが紙であった．実際最も重

要な情報は紙に印刷されたようである．しかし一方で図書館に所蔵されている明治および大正時代の古い新聞や本の劣化が問題になっている．リグニンをほとんど含まない化学パルプからの紙と異なり，その時代の特に新聞に使用されているパルプは機械パルプが中心であるが，機械パルプからの紙ではそこに含まれるリグニンが劣化しやすく，色の変化とともに当然紙の強度的劣化は大きい．また化学パルプからの紙でも，程度は小さいが劣化が生じるのは以下のように添加薬剤によると考えられている．すなわち，従来は抄紙の際に添加する填料や薬剤の歩留まり向上のため通常硫酸アルミニウム（aluminum sulfate）を加え，またその歩留まり向上効果が酸性下で良く発揮されるので弱酸性状態で抄紙していた．その結果当然紙には硫酸アルミニウムが含まれ，これが紙の長期保存中次第に分解して生じた硫酸根がセルロースあるいはヘミセルロースの加水分解を引き起こし，紙の劣化に繋がると推定されている．従って現在ではあまり硫酸アルミニウムを使わず，また中性で抄紙した中性紙の使用が広がっている．例えば抄紙において硫酸アルミニウムを使用しない和紙では，正倉院文書に見られるように千年をゆうに超える保存が可能なのである．現在ではできるだけリグニンを除去した（あるいは含まない）パルプを使用し，かつ硫酸アルミニウムを添加することなく中性で抄紙した長期保存用の紙も市販されている．おそらく風水害，虫害やかび害を防いで保存すれば紙の耐久性は極めて高いと考えられる．

なんでも使えるサーモグラフィ（熱画像法）

破断時の紙の応力集中状態の観察に熱画像法を用いたが（口絵2参照），熱画像法はサーモグラフィとして最近テレビでもよく見かけるようになった．例えば日曜に放映される"あるある大事典"のような生活関連番組で，手や体の冷え状態等が色の分布として直接的に見える技術である．

原理的には物体の赤外線放射を利用している訳で，物体表面からの赤外線放射を感知するセンサーを高速で水平および垂直に走査することでその表面温度（赤外線強度）分布図が得られる．これを装置に付属のコンピュータに記憶させ，種々の画像処理をすることもできる．

元来乳ガンの検出目的（ガンがあると温度が少し高い）に医療用に開発された装置である（当初高額でも販売できる軍事や医療用に開発され，比較的安くなって後種々の用途に転用されるようになった装置は極めて多い）．その後センサー走査速度や検出感度の向上（$0.1°C$），およびコンピュータ容量の増大による連続画像記憶が可能になって静的画像から動的な画像撮影も可能になり，その利用分野は大きく拡大した．

今までほとんど手段のなかった材料の熱力学的研究に，また雲仙普賢岳での噴火や溶岩流の観察など火山活動研究や監視に，さらにSARS患者発見のためモニターとして空港での入国管理に用いられるようになったのはまだ記憶に新しい．物理現象に限らず，化学さらには生物の現象にも吸・発熱が伴うので，なんでも使える便利な装置である．

燃える紙，燃えない紙

　紙は薄くて軽くて，適度に燃焼するので花火や弾薬を包むのに用いられる．花火では色毎に異なる火薬を和紙に包んで火薬玉にし，さらにそれらを集めた後で和紙を何重にも重ね貼りして完成だ．またライスペーパー（rice paper）と呼ばれる紙がタバコの巻紙に使われる．かってパイプを壊わした男が，窮余の策として米が入れてあった袋の紙でタバコを巻いて吸ったことに始まるとされている．

　このタバコ巻紙（ライスペーパー，シガレットペーパー），実はハイテク紙なのだ．まず自らは煙を出さずにタバコと同じ速さで燃えて燃焼臭がしないこと，もちろんタバコの喫煙臭に影響してはならない．さらに軽く，白くて不透明で，かつタバコの巻き上げに適する機械的性質も必要である．場合によっては適度な通気性も必要で，放電によって微小な孔を開けることもある．また燃焼した後の灰が白くかつ，灰がタバコの内側に丸まるように固結することも要求されるのだ．通常麻繊維（亜麻，大麻）を良く叩解した後，炭酸カルシウムを20%以上添加して，坪量約 $20g/m^2$ で抄紙して製造する．

　一方難燃薬剤で処理をした燃えない紙もある．おもしろい例では，奉書焼きと称して，楮紙を折り曲げて皿状とし，中に汁と具を入れて下から火で炙る料理がある．私は試したことはないが，紙が燃えることなく風雅な料理が楽しめ，料亭などでは時々出されるそうである．一度ご賞味あれ．

第XI章 | *Chapter XI*

紙の用途としての印刷, コピーと印字

文化情報用紙としての紙の使用においては, 紙に情報を載せる方式の理解が欠かせない. 例えば手書き様式では洋紙におけるインキとペン, および和紙における墨と筆が果たす役割である. 以下では機械や装置を用いて行う各種印刷, コピーおよび印字様式の簡単な説明とそれらの用途の紙に要求される点について説明する.

1 | 印刷

1) 主要な印刷方式

情報を大量に複製する方法が印刷である. 多くの印刷方式があるが紙印刷に用いられる主要な印刷方式は, 画像とインキおよび紙との位置関係から通常以下に述べる凸版, 凹版, 平版の三つに分類できる. 最近はカラー印刷が増えたので後二者が主要になり, 特に版の作製および印刷速度の早い平版印刷の割合が増加している. カラー印刷は3原色の原理で行われので, 凹版, 平版印

刷とも当然4色以上すなわち各印刷工程が4回以上連続的にくりかえされる．

　凸版印刷（letterpress printing）：活版印刷（typographic printing）とも称され，グーテンベルグ（Gutenberg）の活字印刷と原理的に同じである．この方式では活字あるいは版の凸部が画像部になり，図XI-1に見られるようにインキの付着した版の凸部の上に紙を当てて，インキ画像を紙に移す．比較的小部数の小型印刷で主に文字印刷に現在でも使用されている．

　凹版印刷（intaglio printing）：凸版とは逆で，画像部はエッチング（etching）された版面の凹部になる．図XI-2に見られるように印刷はまず版面全てにインキを乗せ，ついでエッチングされた部分を残した他の部分のインキを掻き取って後版に紙を当てることで，凹部にあるインキ画像を紙に移す．特に写真製版による細かい網状の凹点によって構成される凹版印刷をグラビア印刷（gravure printing）と呼び，いわば凹版印刷の別称になっている．色の濃淡すなわち細かい色調差の要求される高級カラー印刷でかつ大量の印刷に適している．

　平版印刷（lithographic printing）：前二者と異なり，親油性のインキのある画像部も非画像部も同一の版面上にあり，油と水が混じりあわない化学的原理で画像を作る．図XI-3に見られるように，回転する版胴に取り付けられた版は，まず湿し水（damping solution）で濡れたローラと接触し，版上の親水性の非画像部のみを濡らす．次いでインキ供給部と接触すると，親油性画像部にのみインキが付着する．版に乗った画像はさらにゴムで被覆されたブランケットシリンダー（blanket cylinder）に移され，これに紙を

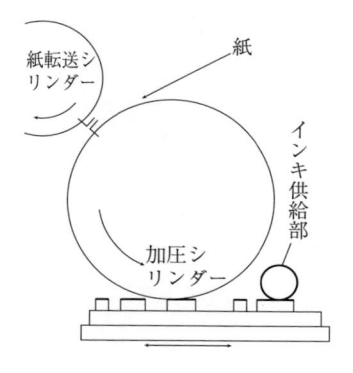

第 XI 章　紙の用途としての印刷，コピーと印字　167

図 XI -1 ●凸版印刷概要図（Scott W. E. and Abbott J. C 1995）

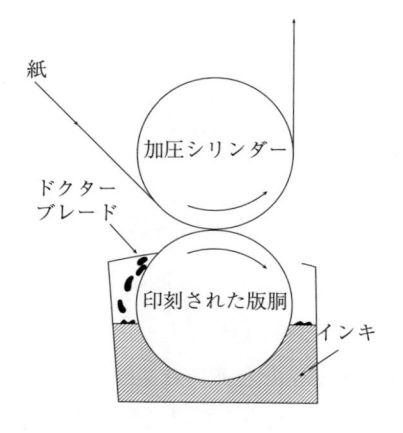

図 XI -2 ●凹版印刷概要図（Scott W. E. and Abbott J. C 1995）

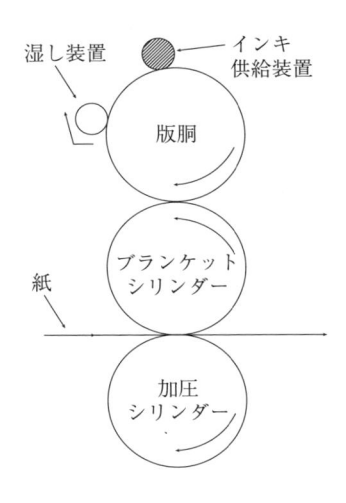

図XI-3●平版印刷概要図(Scott W. E and Abbott J. C 1995)

当てるることで転写する．版の画像を紙に直接移すのでなく一旦ゴム胴に転写する手段をオフセット(offset)と呼び，平版印刷はその多くがこの方式を取るので通常オフセット印刷と呼ばれる．

2) 印刷用紙として望まれる性質

印刷適性(printability)：いずれの印刷方式でも加圧下で紙にインキを移すので，その適度な圧縮性とともに圧縮下での紙表面の平滑性の良好なことが望まれる．スケールの大きい(約数mm以上)レベルでの平滑性は地合とほぼ連動するので，良好な地合も必要である．また裏面での印刷が見えないことから不透明性が大

きいことやインキ受理性の良好なことも要求される．後者は紙表面の空隙構造およびぬれ（wetting）で表されるインキと紙の化学的相互作用で決まる性質である．湿し水を使う平版印刷ではさらに湿潤下での表面強度が必要で，またそこでのカラー印刷は以上の印刷工程を複数回繰り返すので，その間の寸法変化は色再現上好ましくなく寸法安定性も要求される．これらの要求を満たすために発達したのが顔料塗工紙（第 VIII 章 2-1) 参照）であり，印刷（特にカラー印刷）には各種の塗工紙がよく用いられる．すなわち繊維集合構造より顔料集合構造の方がより不透明で平滑，かつ空隙のサイズも小さいからである．

印刷工程操業安定性（runnability）：印刷効率の向上のため，その速度はより速い方が好ましい．また工程管理上および色再現に影響する寸法安定性を維持するため，走行中の紙には張力がかかっている．これらの条件が重なると印刷途中で紙が破断することがあり，操業に大きく影響する．印刷用紙に必要なこの印刷工程操業安定性を，抄紙時の操業安定性（第 VII 章 2 参照）と併せてランナビリティと呼ぶ．破壊靭性（第 X 章 3-1) 参照）とよく似た性質である．

2 コピー

近年，印刷する程もない少部数で紙に情報を複製あるいは複写（コピー，copy）する需要が急増し，青焼きと通常言われたジアゾ方式など様々なコピー機が登場した．しかし，今日コピーといえ

ばゼロックスコピーを指す程ゼロックス方式（Xerox Technology）が支配的になり，このゼロックスコピーの名称が本来ゼロックス社のブランド名であるにもかかわらず，今や一般名称になった．

ゼロックス複写機の中心は導電性の通常円筒型の支持体で，その外周にセレン合金が貼ってあり，このセレン板上で帯電・露光・現像・転写・ドラム洗浄の操作が高速かつ連続的に行われる．まずセレンドラム板上に正電荷を帯電させる．次いで露光により電荷を逃がすが，原稿に応じた正電荷の模様が板に残る．ここにトナーと呼ばれる負電荷の現像粉末を振りかけると，板上の正電荷部分にこれが付着する．この状態でセレン板に紙を接触させ，紙の裏側から正電荷を与えて，画像を紙に転写する．さらに加熱すると高分子粉末とカーボンを主とするトナーが紙表面で融着して，公文書並の永久コピーの完成である．他のコピー方式が特殊感光薬品を含ませた専用のコピー用紙を用いるのと異なり，ゼロックス方式で用いる用紙は無加工の紙であり，従ってゼロックスコピー用紙の正式な分類上名称は PPC（plane paper copy）用紙である．このコピー方式が優れるのは高速で多量かつ高品質のコピーが取れるとともに，ほとんどどんな紙でもコピーできる点である．ここで要求される紙の性質は，印刷関連用紙として共通的に要求される良好な表面平滑性，地合，不透明度以外に，電気絶縁性と複写機内での紙の搬送に支障がないかの２点であるが，通常多くの紙はわざわざ考慮する必要がないくらい十分な絶縁性がある．また紙の搬送はすでに述べたように紙の曲げこわさ，さらには厚さと密接に関係し（第 X 章 4 参照），紙が極度に厚いと曲がらず，また極度に薄いと垂れてしまい，紙詰まり状態を引き起

こす．なお複写機内は高温であり，標準的な雰囲気より紙の含水率がやや低い状態での紙の曲げ状態であることに注意する必要がある．

3 インクジェット印字

社会のIT化が進み，ファクシミリとともにパソコンやプリンターを置かれる家庭が普通になり，また写真が旧来のフィルム方式からデジカメ式に大きく変わりつつあることで，カラー写真を自分でプリントされる家庭も増えた．家庭用のプリンターの増加とともにプリンター用紙も大きく増加している．ここで貢献しているのが感熱紙とインクジェット紙であり，特に最近の後者の伸びは著しい．インクジェット（ink-jet）とは細かい液滴状のインキが飛び出し，紙上にドット（dot）を与える方式で，高級な専用紙ではインキを吸収する紙表面には顔料層が塗工されている．ここで紙に要求されるのは顔料層でのインキの吸収であり，如何に鮮明かつ小さなインキドットが得られるかについて，製紙会社各社はもとより顔料やバインダーメーカーも，この顔料組成と顔料を結合するバインダー（結合剤）の調合にしのぎを削っている．

歌舞伎に出てくる紙，紙衣

　かって，特に江戸時代に紙は生活のあらゆる部分で用いられたので，紙を商う紙屋が多く存在した．近松門左衛門作の心中物戯曲の一つ"心中天の網島"の主人公の名前は紙屋治兵衛である．
　また上方歌舞伎では落ちぶれたあるいは勘当された商家の若旦那の着る衣装に，その澪薄の象徴としておしゃれ心も兼ねて紙衣（紙子）が使われる．例えば"二人椀久"で知られる，椀屋久右衛門が座敷牢の中で遊女松山を想って狂死する様を描く所作事（舞踊）に，また近松原作の"廓文章"吉田屋の段で藤屋の若旦那伊左衛門の着る衣装などがその典型である．一般に紙は硬くてしわができやすく，衣服には向かないが，予め十分に揉んだり，しわをつけると柔軟になり，丈夫な和紙では立派な着物になる．
　紙衣は平安時代末期から僧侶の間で用いられたが，江戸時代には庶民，特にその素朴さを好んだ通人が着たようである．俳人松尾芭蕉は紙笠とともにその愛用者であったと伝えられる．
　タンニンを多く含む柿渋やグルコマンナンが主成分のこんにゃく糊を塗ることで紙の強度や耐水性も増して，旅行着にもなったのである．
　また紙を細長く切り，それを手で撚ることで"こより"になるが，同じ原理で紙の細片から糸を作れば紙布になる．この紙糸および紙布は最近ある製紙会社から試験的にリバイバル生産されていると聞く．なお紙に類似の製法および構造の素材が，現在不織布として，使い捨て医療用の生地や服の裏地など多方面に利用されている．

第XII章 | *Chapter XII*

和紙の特徴

　今日の日本の紙生産はほぼ全て洋紙のそれであり，上に述べてきた事柄も全て洋紙についてである．和紙の構造や物性についての科学的研究は未だほとんど行われていないので，ここでは歴史的な点を中心にその特徴を概説する．

　紀元前に中国で開発された抄紙技術は，朝鮮半島を経て日本へはかなり早く伝わった．公式な記録では遅くとも推古天皇の時代にさかのぼることができる．奈良時代には写経用紙としての需要が極めて高く，多くの紙が各地で生産されるようになった．ここでも需要が新技術の開発を後押しした事例が伺われる．今日正倉院に伝わる紙の解析から推定すると，この時代原料や抄紙法（特に前者）でいろんな試みや工夫がなされたようである．平安時代に入ると繊維として主に楮やガンピが，また抄紙に際して加える粘剤としてトロロアオイの粘液が使用されるようになり，さらに抄紙法として流し抄きが工夫されるに至って，今日見られる和紙抄造技術がほぼ確立した．この時代に各種文化をはじめ多くの点で日本独自の和風様式が成立したのと軌を一にしている．流し抄きとは，底部に簾を貼った枠でくみ取った紙料（繊維懸濁液）の全てを保持・脱水して簾の上に湿紙を作成する通常の抄紙法であ

る溜抄きと異なり，簾枠を揺動させながら繊維を簾の上に沈着させて極く薄い湿紙を抄造し，上澄みを捨てる操作を数回反復して極薄の湿紙を重ねるように形成させる抄紙法であり，繊維濃度約 0.1％の紙料に加える添加剤としてのトロロアオイ粘液の使用と合わせることで繊維長 10 mm 以上のかなり長い繊維を使用してもほぼ均一な紙ができるようになった．その後栄枯盛衰はあるが，陸奥の檀紙など各地で特産の紙が作られるようになり，また江戸時代からはミツマタも原料に加わり，各地方あるいは藩の特産品として特徴のある様々な和紙が生産された．まさに木と紙をベースにする日本の文化，特に江戸時代のそれを和紙が支えたのである．明治時代に入ると土佐の典具帖に代表される極薄紙の生産など新製品も見られたが，地租改正に伴う大量の地券発行や，教科書の発行が洋紙でなされるなど，和紙は次第に衰退した．品質が均一でかつ多量に作るとなると，機械を用いて木材繊維パルプから抄紙せざるをえないのである．非木材繊維による手抄きの紙は畢竟工芸でしか残る道がないのであろう．その結果いまや墨のにじみが大切な書道用や，文化財保存用など特殊な用途の和紙が細々と作られているだけである．しかし，一方で和紙の特徴やその抄紙技術を近代的な特殊用途に生かすべく様々な試みもなされている．

　楮のような長い繊維で洋紙と同様の抄紙をすると通常地合が大変悪くなるが，和紙抄造時の繊維濃度は洋紙の抄造時のそれより約 1 桁低くしているので，比較的均一な紙が作られ，結果として坪量は小さく当然薄い紙になる．しかし低坪量でも強度は十分にある．すなわち和紙は薄くて（低坪量で）丈夫であり，洋紙で同

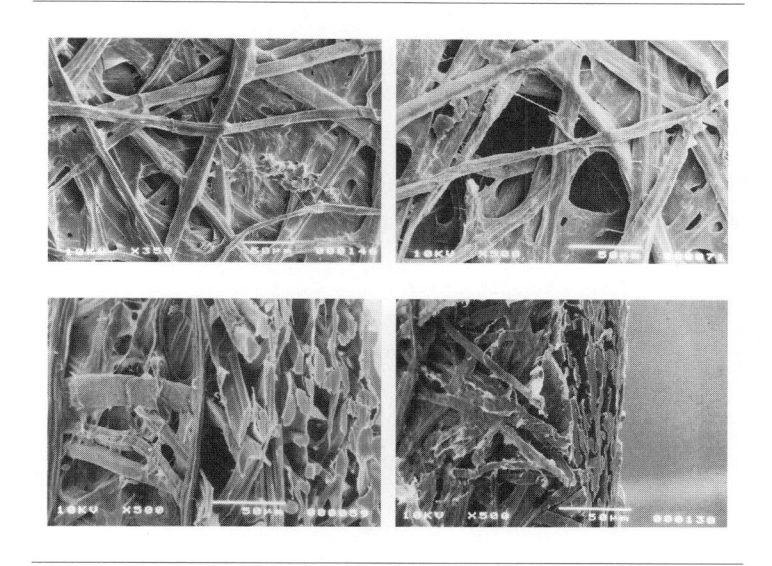

図XII-1 ●代表的な和紙の表面・断面写真（Yamauchi T., 2005）
左上より美濃紙，石州紙，黒谷紙およびガンピ紙

等の強度を得るには比較的厚く（坪量を大きく）しなければならない．図 XII-1 は黒谷紙を含む代表的な和紙の表面・断面 SEM 写真である．いずれも強度的に特に優れた和紙の代表であり，文化財の保存などに使用される．楮繊維は繊維壁が厚く，叩解程度もあまり大きくないためか偏平化していない．そのためもあり繊維間結合の低い低密度のかさ高い紙であることが分かる．当然弾性率は小さく，和紙の有する柔らかい感覚はこれら小さい弾性率，厚さおよび密度に由来すると考えられる．また和紙における墨の特徴的なにじみもこの厚壁繊維が造る繊維集合構造に関連す

ると考えている.図 XII-2 はこの黒谷紙と代表的な洋紙である PPC 用紙の力学的性質(引張,引裂,耐折各強さおよびテープ剥離表面強さ,引張伸び,および弾性率)のバランスを比較した図であり,和紙の力学的性質の特徴を表している.すなわち,和紙では引裂および耐折の各強さ,また伸びが大きく,一方洋紙では引張および剥離の各強さと弾性率が大きい.

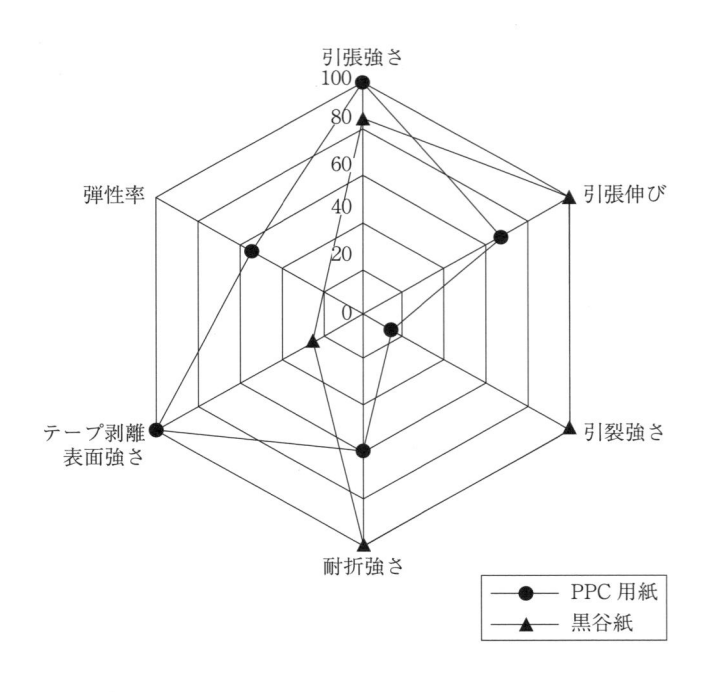

図XII-2●和紙と洋紙の強度的性質バランスの比較(Yamauchi T, 2005)

職人技を科学しよう

　京都は寺社仏閣および古文化財が多く，それらの修復需要に合わせるかのように職人さんが多い．また他所では廃れてしまったような職人技が今も伝えられている．

　例えば純和風建築に不可欠な土壁も，現在一般的な吹きつけ工法ではない昔からの荒壁塗りをする左官職人が居られる．宮大工然り，表具師（経師）然りである．

　日本画の代表的な展示スタイルである掛け軸の表装換え，いわば和紙を用いて文化財修復を主にされる京都の表具師から聞いた話では，以下のような手順で修復が行われる．まず本体の書画を補強している裏打ち紙を主に水を使ってはがす．次に本体の書画で虫に食われて欠落した部分は，同じような紙を用いて，埋めるように補強する．そして新たに裏打ちおよび表装するのだが，この際用いる糊は，特に書画が絹本の場合および表の布生地との貼り合わせには，長年寝かせた古糊を使用する．また打ちケバと言って繊維同士および糊とよく絡むように刷毛で叩く．これら古糊の使用や打ちケバ等の職人技にも実は科学的根拠があるはずだ．また裏打ちには主に美濃紙を，屏風の蝶番部分には黒谷紙を用いるのががその理由も明確ではない．

　最近は修復技術の習得を志す若い方が増え，それらの方に特殊材料の調整法や修復技術を教えるのにも科学的裏付けが欲しいようで，今後の検討が待たれる．

付　録

紙パルプ学の将来展望

　新聞，書籍，紙幣など紙媒体を使用している分野を電子化する動きが先進国で行われており，実際我々の周囲でも電子メールの普及で郵便書簡が減少している感じがする．しかしこれらの試み全てが順調に行われているのでもなく，問題点も多く見つかっている．その一つは人間が最終的に接する情報に紙媒体を欲することである．電子メールもプリンターで印刷することが多いし，新聞に関して言えばおそらく電子媒体新聞から紙への個人的ハードコピーと現状の新聞紙の並立が将来最もあり得る予測である．すなわち増える一方の情報の多くは電子媒体が担うが，他方紙媒体による情報伝達も残ると考えられる．ただし新聞用紙が減少してインクジェット紙等に代わるなど，紙の種類間の生産量の増減は起こるであろう．一方包装用途の紙は，簡易包装による紙使用量の減少はあるが，物流の増加に加え，発泡スチロールなどの高分子系包装緩衝材の代替としての紙材料の増加がある．すなわち環境問題への関心の高い欧州諸国では発泡スチロールは使用禁止であり，代わりに紙製の緩衝材としてモールド（mold）がよく用いられるようになった．これは卵の梱包容器製造法として以前からあった技術であるが，現在見直されている．このモールドによる

包装緩衝材をはじめ，紙器など元来2次元の材料であった紙を積極的に3次元のそれにすることで紙の用途を増やすことが考えられている．またすでに述べてきたように紙は環境的に非常に優れた材料なので，この点を生かした紙系材料のさらなる発展も可能であろう．2次元的な紙の利用では機能化や複合化がさらに進むであろうが，高度な複合は紙の利点であるリサイクル使用を妨げるので適度な複合化が肝要である．

では今後も続く紙需要を満たすパルプの生産は，将来どのようになるだろうか？ リサイクル利用はさらに増大するが，新しいパルプ化法はあるのだろうか？答えはほぼ否である．化学パルプ化法に限れば，樹種に関係なくパルプ化でき，蒸解薬品を回収再利用しつつ廃液中のリグニン等を燃料として用いるなどあらゆる点でクラフトパルプ化法をしのぐ方法は，現時点ではないと考えられている．機械パルプ製造はその収率の良さから見直されているが，昨今石油価格で示されるエネルギーコストの急上昇が問題になっている．ただし化学パルプとは性質の異なるパルプとしては生き残るであろう．すなわちパルプ製造法は今後もあまり変わらないとの予測が一般的である．

紙科学における基礎的研究の面では，本書で述べた紙に関する知識は大半が針葉樹化学パルプからの紙についてのそれであり，機械パルプや広葉樹化学パルプからの紙の物性の知識はまだまだ乏しい．また紙の科学で最も基本になる繊維間結合もその詳細になると不明な点ばかりであり，リサイクル使用での強度低下との関連も含めてさらなる研究が望まれる．強度的性質ではメカノソープティブ効果，紙の破壊現象と構造の関係，多孔的性質でも

短時間の液体吸収，Soft matter としての取り扱いを始め紙の科学において解明されるべき課題はまだまだ多い．今後若い学生諸君がこの分野に興味を持って頂ければ幸いである．

世界の主要な紙パルプ研究機関

日本における民間の製紙会社および関連会社の多くでは，以前と比べるとその割合は相当減少しているが，開発研究に加えて紙科学関連の基礎研究も多少は行っている．一方海外，特に欧米の民間製紙会社は，紙関連の基礎的研究は全くせず，応用開発に限定した研究だけを行っている．代わりに半官半民（国や時期によりその運営資金比率は異なり，約半々から大半が民間資金による所まであり，最近の世界的な民営化の流れを受けてその研究運営費用のほとんどを民間からの資金に依存する所もある．もちろん民間とはその多くが製紙会社であり，日本のそれも含まれる）の紙パルプ研究所が存在する．すなわちこれら研究所と大学が基礎的研究を担っている．特に紙パルプ研究には大型の装置を必要とする場合が多く，これらは必然的に大学より研究所で行われる．研究所での研究成果は最初に資金を提供した会社に公開され，その後に学会発表や学術誌への投稿などの形で一般公開が行われる．

紙パルプの基礎的研究で現在も特に熱心なのは，林産業（特に紙パルプ産業）の盛んな北欧と北米の諸国である．日本も生産高ではこれらの国にひけを取らないが，他の産業が大きく，また内需中心なので紙研究の中心が次第に応用・開発研究になるのはやむを得ないであろう．

北欧では特にフィンランド，また北米ではカナダがこの研究分野の筆頭国である．まず教育熱心で産学協同もうまく行われている国としてよく知られているフィンランドでは，当然紙パルプ研究も種々の研究機関をまたがってなされているが，その中心的な研究機関はヘルシンキ郊外にあるフィンランド紙パルプ研究所（Finnish Pulp and Paper Research Institute，現在，日本の産業総合研究所に相当するVTTに縮小して移行）とヘルシンキ工科大学林産部門（Helsinki University of Technology，現在，アールト大学と呼称のDepartment of Forest Products Technology）であろう．前者は最近スウェーデン紙パルプ研究所（Swedish Pulp and Paper Research Institute，現在Innventia ABと呼称）と提携して，より効率的な研究遂行を目指している．一方カナダでは，モントリオールおよびバンクバーにあるカナダ紙パルプ研究所（Canada Pulp and Paper Research Institute，現在FPInnovationsと呼称）が最大の機関で，その他トロントおよびブリティシュコロンビア各大学にある紙パルプ研究センター（The University of Toronto and British Columbia, Pulp and Paper Center）などが大きな研究機関である．アメリカにはかってウィスコンシン州に長年紙化学研究所（Institute of Paper Chemistry，略称IPC）があり，約35年前これが紙科学研究所（Institute of Paper Science and Technology，略称IPST）としてジョージア州に移ったが，今はジョージア工科大学（Georgia Tec）に縮小吸収されて存続している．また以前より規模は小さくなったがニューヨーク州立大学（New York State University）にあるニューヨーク州立大学紙研究所（Empire State Paper Research Institute，略称ESPRI）やノースカロライナおよびメイン州立大学（North Carolina and Maine State University）

等でも紙に関する研究が行われている．オセアニア地区では，歴史は新しいがオーストラリア紙パルプ研究所（Australian Pulp and Paper Institute, APPI）がモナーシュ大学（Monash University）構内にあり，その他フランスのグルノーブルにある紙研究センター（Cettre Technique du Papier）をはじめ世界各地に紙パルプ研究所および紙科学を取り扱う大学がある．

　近年紙パルプ産業の世界的な吸収合併により各研究所の活動を経済的に支えていた民間会社の数，ひいては提供される研究・運営資金が減少して，ESPRIのようにその活動が低下したり，IPSTのように他の研究機関に吸収される例，また応用的な開発研究を集中契約的に行う例が散見されるようになった．比較すると大学全体での紙パルプ研究は落ち着いており，最近活動が見られない大学もあれば，また新たに紙研究を始める大学もある．なお大学での紙科学研究は工学部系，ついで環境系の学科で行われている．

あとがき

　近代パルプ紙産業が日本に導入されて100年はゆうに経過することから推定されるように，戦前の古い時期から紙・パルプ学を研究分野とする大学研究室はいくつかあった．ただしそこでの研究の多くは，合成繊維が存在する以前に隆盛を極めたビスコース繊維製造に関連したそれであった．戦後合成繊維の発達に伴うビスコース産業の衰退とともに溶解パルプ生産量が減少する一方，製紙用パルプおよび紙の生産量が増大する頃にはパルプ学分野は合成繊維や高分子学分野に変わっていた．約40年前林産工業を大学で研究する機運が高まり，その中で製紙を中心とする紙パルプ学が一時盛んになったが，これも次第にすたれてしまった．筆者はこの間材料科学的視点から紙の構造と物性を中心に研究を進めてきて，生き残った最後の一人になってしまった感がある．海外における紙パルプ学研究は今も結構盛んで，その中心となる紙物性に関する国際会議は，規模の大小はあるが毎年開かれるが，そこで日本だけ取り残された，一人寂しい思いで参加，発表してきた．

　紙・パルプ学はパルプをとっても紙をとっても非常に広範な学問分野であり，一人で全てを網羅して入門書を書くことに躊躇したが，上記の事情であり，また今書かないと時期を逸すると考えて一気に書き上げた．従って筆者の思い過ごしや誤りがあること

も十分考えられる．今後本書の後半部分の紙の物性に焦点を絞った専門書を著す予定があり，その際に訂正していく所存であり，ここではご容赦願いたい．最後に原稿に目を通して頂いた多賀透博士，出版にご尽力頂いた京都大学学術出版会鈴木哲也氏に深く感謝する．

　この本を著すことを契機として再度日本でも紙・パルプ学（特に紙科学）を復活させたいとの想いで筆を措く．

主要参考図書

和書
* 大江礼三郎他：パルプおよび紙，文永堂（1991）
* 門屋卓他：新紙の科学，中外産業調査会（1989）
* 門屋卓他編：製紙科学，中外産業調査会（1982）
* 紙パルプ技術協会（編）：紙パルプ技術便覧，紙パルプ技術協会（1992）
* 紙パルプ技術協会（編）：紙パルプ製造技術全書，紙パルプ技術協会（1995）
* 日本製紙連合会：紙・パルプ産業の現状，No 681　2005年特集号：
* 町田誠之：紙の科学，講談社（1981）
* 原啓志：紙のおはなし，日本規格協会（1992）
* 繊維学会編：図説　繊維の形態，朝倉書店（1982）

洋書
* Bristow, W. and Kolseth, P. (ed) : Structure and Properties of Paper, Marcel Dekker (1986)
* Casey, J. P. (ed) : Pulp and Paper (Vol. I 〜IV), Wiley-Interscience (1981)
* Lyne, B. and Borch, J. (ed) : Handbook of Physical Testing of Paper, Revised and enlarged ed. Vol 1, 2, Marcel Dekker (2001)
* Scott, W. E and Abbott J. C (revised) : Properties of paper, An Introduction, Tappi Press (1995)
* Rance, H. F. (ed) : Handbook of Paper Science (Vol. 1, 2) Elsevier Scientific Pub. (1980)
* Smook, G. A. (ed) : Handbook for Pulp and Paper Technologists (4th ed), TAPPI and CPPA (1987)
* Britt, K. W. (ed) : Handbook of Pulp and Paper Technology (2nd ed) Van Nostrand Reinhold (1970)
* Parker, J. D.: The Sheet-Forming Process TAPPI STAP No. 9 (1972)
* Bolam F. (ed) : Consolidsation of Paper Web Tech BPBMA (1966)　1957年に

"Fundamentals of papermaking fibers"のメインタイトルで開催された第1回のシンポジウム以来,今日まで4年毎にCambridgeとOxfordで開催されるFundamental Research Symposiumでの講演内容には紙科学の基礎的研究が多く含まれる.これは成本化された第3回の講演内容である.

索　引

[あ]
悪臭　50, 67, 69-70
亜硫酸パルプ　46
アルカリ抽出　63
ウェットエンド　82, 85
エアーナイフコータ　105
液体浸透性　141-142
SS　68-69
エネルギー　8, 30, 35, 37, 39, 43, 47-48, 54, 69, 145, 180
塩素　61-63, 69
　二酸化――　47, 63
オゾン　63-64
オフセット印刷　168

[か]
外部フィブリル化　74 →フィブリル
化学的酸素要求量　68
化学パルプ　4, 18, 20, 32-33, 41, 43, 46, 48, 50, 53-54, 61, 63, 73, 161, 180
過酸化水素　62, 64
苛性ソーダ　46-48, 50, 62, 99
活性汚泥法　69
仮導管　15, 19
カナダ標準型濾水度　41 →濾水度
カール　95, 138
カレンダー　85, 93-94
還元漂白　62 →漂白
含浸　104, 110, 121, 123
感熱紙　55, 171
顔料　3, 8, 10, 65, 80, 104-106, 126, 157, 169, 171
機械パルプ　4, 28, 32-33, 35, 39, 41, 43-44, 46, 54, 61-62, 73, 126, 160-161, 180
キノン添加　50

吸着　80
吸収係数　157-159
凝集沈殿法　68
空隙構造　121, 124-125, 139, 141, 169
空隙率　125-127, 141
Kubelka-Munk 理論　157
クラフトパルプ　4, 17-18, 28, 31, 39, 43, 45-48, 50-53, 63, 67, 70, 96, 100, 110, 117, 121-122, 124-126, 130, 147, 149, 151, 180
クレー　78, 80, 104-105, 157
原紙　54, 105-106, 110, 112, 121
原単位　30
叩解　41, 73-74, 76-77, 79, 97-98, 103, 117, 119, 121-122, 125-126, 138, 140-141, 143, 147-151, 154, 157-158, 163, 175
黒液　31, 48, 70
古紙　6, 33, 39, 53-55, 57-58, 62, 70, 96, 110

[さ]
サイズ剤　82, 104, 108
砕木パルプ　28, 35-37, 39, 43, 45
サーモメカニカルパルプ　35, 37, 39, 43, 45
サルファイト法　46
サルフェート法　46
酸化漂白　62 →漂白
散乱係数　157-160
地合　16, 130-131, 154, 168, 170, 174
蒸解　46-50, 53, 61, 70, 180
抄紙機　87, 94-95, 97, 108, 132
　長網――　87-88, 95-96
　円網――　87, 94-95
紙料　73, 85, 87, 95-96, 98, 103, 173-174

紙力増強剤 80-82, 103, 108, 147-148
新聞用紙 8-9, 39, 44, 55, 116, 179
水素結合 24-25, 98
抄き合わせ 95-96, 100-101
水銀圧入法 124
寸法安定性 138, 169
製紙パルプ 3
精選 50, 52
生物学的酸素要求量 68
セルロース 3, 18, 20, 23-25, 43, 46-48, 53, 135, 138, 141, 143, 160-161
ゼロスパン引張強度 152-153
ゼロックスコピー 170
繊維 3-4, 8, 13, 15-18, 135, 138, 141-142, 145, 149, 151-154, 156-157, 163, 169, 173-175, 177
──間結合 24-25, 39, 43, 54-55, 77, 90, 92, 98, 103, 118, 121, 124, 135, 138, 143, 145, 147, 151-152, 154, 157, 160, 175, 180
──集合体 3, 8, 24, 121
前加水分解クラフトパルプ法 53
層状構造 87, 97, 121
ソーダ法 46-47
粗度 18

[た]
ダイオキシン 62-63, 69
耐折強さ 147, 151, 153
Darcy則 139
多層抄紙法 96, 154
多段漂白 61, 63 →漂白
脱インキ 53-54, 56-58
脱水 3, 24, 41, 54, 65, 85, 87, 89-90, 92, 95-97, 100, 173
多筒式乾燥 92
タブサイズ 104, 108-109
溜抄き 100, 174
炭酸カルシウム 78, 80, 104, 157, 163

単繊維強度 151-153
段ボール 54, 57, 110-112
チップ 4, 18, 28-30, 37, 39, 43, 47-48, 53, 55
中性紙 161
調木 27, 35
ツインワイヤー 95
坪量 9, 94, 115-118, 120-121, 126, 129-130, 147, 156-157, 163, 174-175
DIP 54 →リサイクルパルプ
添加剤 3-4, 10, 79, 96, 103, 174
デンプン 105, 108
填料 3, 73, 78-80, 90, 95, 103, 157, 161
砥石 37, 43, 99
導管要素 15
透気度 139
塗工 3, 8, 80, 104-108, 121, 138, 171
ドラムバーカ 27
トロロアオイ 173-174

[な]
内部添加 80
内部フィブリル化 74, 76 →フィブリル
流し抄き 99-100, 173
ぬれ 142
ネットワーク構造 116, 121
ノーカーボン紙 105, 121, 123

[は]
ハイドロフォイル 87-89
破壊靭性 92, 143, 145, 147-148, 151, 169
白液 48, 50
白色度 55, 61, 63, 155-156
白水 90
剥皮 27-28
剥離強さ 154
バージンパルプ 4, 33, 46, 54, 100
発色団 61-62

パルパー　55–56, 73
破裂強さ　147, 149
引裂き強さ　151–152
微細繊維　35, 41, 43, 68, 90, 95, 121
引張強さ　143, 147, 149, 151, 153
PPC 用紙　170, 176
非木材繊維　26, 174
漂白　4, 20, 50, 61–63, 69, 155, 157–158
　　　→還元漂白，酸化漂白，多段漂白
表面粗さ　128, 132
フィブリル　18, 20, 24, 27, 37, 41, 43, 74, 76, 80, 82–83, 90, 97–98 →外部フィブリル化，内部フィブリル化
フェルト面　132
不透明度　44, 155–156, 170
歩留り向上剤　79
浮遊物　55, 68
ブレークスルー圧　124, 126–127, 140
プレス　65, 90–91, 95–97, 108–109, 126
フロック　85, 87, 130
平滑度　126–129
ヘミセルロース　20–21, 24, 43, 46–48, 53, 63, 69, 74, 161
保水度　76
ポリアクリルアミド　81, 104

[ま]
マイクロカプセル　105, 121

曲げこわさ　155, 170
毛管力　24, 97, 141

[や]
ヤンキードライヤー　92
溶解パルプ　3, 20, 52–53

[ら]
ラミネーション　104
離解　55–57, 73
リグニン　18, 20–21, 23, 33, 35, 39, 43–44, 46–48, 53, 61, 63, 69, 155, 160–161, 180
リサイクルパルプ　4, 48 → DIP
リファイナー砕木パルプ　35, 37, 39
両面性　95, 130, 132, 138
緑液　50
レイテンシ　37
濾過　41, 80, 85–86, 121
濾水度　41, 76 →カナダ標準型濾水度

[わ]
ワイヤー面　132
和紙　26, 100–101, 133–134, 161, 163, 165, 172–177

山内　龍男（やまうち　たつお）

　1947 年生まれ，農学博士「紙の空隙構造とラテックス含浸加工に関する研究」，京都大学農学部林産工学科卒，1975 年同大学院林産工学専攻博士課程修了後，同大学助手を経て，1995 年より同助教授．2010 年同大学を定年退職後，製紙関連企業で顧問を務める傍ら同大学研究員，2021 年より(株)やまうち七兵衛商会代表．この間製紙科学分野を中心に多くの研究に従事し，紙パルプ技術協会賞，包装学会論文賞などを受賞．なお 1984 年より 2 年間ニュージーランド政府招待研究者として同国紙パルプ研究機関(現 SCION)で研究する．

【主な著書】

Handbook of Physical and Mechanical Testing of Paper revised and enlarged (Marcel Dekker 2001，共著)，『紙の文化辞典』(朝倉書店，2006，共著)，Infrared thermography (INTECH 2012，共著)，『紙の構造と物性、その基本〜Q&A 付〜』(R&D 支援センター，2018) などがある．

学術選書

紙とパルプの科学　学術選書018

2006年11月10日　初版第1刷発行
2021年10月20日　　　　第3刷発行

著　　者………山内　龍男
発　行　人………足立　芳宏
発　行　所………京都大学学術出版会
　　　　　　　　京都市左京区吉田近衛町69
　　　　　　　　京都大学吉田南構内（〒606-8315）
　　　　　　　　電話（075）761-6182
　　　　　　　　FAX（075）761-6190
　　　　　　　　振替 01000-8-64677
　　　　　　　　URL http://www.kyoto-up.or.jp

印刷・製本…………㈱太洋社
装　　幀………鷺草デザイン事務所

ISBN 978-4-87698-818-1　　Ⓒ Tatsuo YAMAUCHI 2006
定価はカバーに表示してあります　　Printed in Japan

本書のコピー，スキャン，デジタル化等の無断複製は著作権法上での例外を除き禁じられています。本書を代行業者等の第三者に依頼してスキャンやデジタル化することは，たとえ個人や家庭内での利用でも著作権法違反です。

学術選書 [既刊より]

＊サブシリーズ 「心の宇宙」→ 心 「宇宙と物質の神秘に迫る」→ 宇

- 001 土とは何だろうか？　久馬一剛
- 002 子どもの脳を育てる栄養学　中川八郎・葛西奈津子
- 003 前頭葉の謎を解く　船橋新太郎
- 007 見えないもので宇宙を観る　小山勝二ほか 編著 宇1
- 010 GADV仮説 生命起源を問い直す　池原健二
- 011 ヒト 家をつくるサル　榎本知郎
- 013 心理臨床学のコア　山中康裕 心3
- 018 紙とパルプの科学　山内龍男
- 019 量子の世界　川合・佐々木・前野ほか編著 宇2
- 021 熱帯林の恵み　渡辺弘之
- 022 動物たちのゆたかな心　藤田和生 心4
- 026 人間性はどこから来たか サル学からのアプローチ　西田利貞
- 027 生物の多様性ってなんだろう？ 生命のジグソーパズル　京都大学総合博物館 京都大学生態学研究センター 編
- 028 心を発見する心の発達　板倉昭二 心5
- 029 光と色の宇宙　福江純
- 030 脳の情報表現を見る　櫻井芳雄 心6

- 032 究極の森林　梶原幹弘
- 033 大気と微粒子の話 エアロゾルと地球環境　笠原三紀夫・東野達 監修
- 034 脳科学のテーブル　日本神経回路学会監修／外山敬介・甘利俊一・篠本滋 編
- 035 ヒトゲノムマップ　加納圭
- 037 新・動物の「食」に学ぶ　西田利貞
- 038 イネの歴史　佐藤洋一郎
- 039 新編 素粒子の世界を拓く　湯川・朝永から南部・小林・益川へ　佐藤文隆 監修
- 040 文化の誕生 ヒトが人になる前　杉山幸丸
- 041 アインシュタインの反乱と量子コンピュータ　佐藤文隆
- 044 江戸の庭園 将軍から庶民まで　飛田範夫
- 045 カメムシはなぜ群れる？ 離合集散の生態学　藤崎憲治
- 053 心理療法論　伊藤良子 心7
- 056 大坂の庭園 太閤の城と町人文化　飛田範夫
- 060 天然ゴムの歴史 〈ベア樹の世界一周オデッセイから「交通化社会」へ〉　こうじや信三
- 061 わかっているようでわからない数と図形と論理の話　西田吾郎
- 063 宇宙と素粒子のなりたち　糸山浩司・横山順一・川合光・南部陽一郎
- 071 カナディアンロッキー 山岳生態学のすすめ　大園享司